安徽省安装工程计价定额

（第九册）

消防工程

主编部门：安徽省建设工程造价管理总站

批准部门：安徽省住房和城乡建设厅

施行日期：２０１８年１月１日

中国建材工业出版社

图书在版编目（CIP）数据

安徽省安装工程计价定额．第九册，消防工程/安徽省建设工程造价管理总站编．—北京：中国建材工业出版社，2018.1（2018.1重印）

（2018版安徽省建设工程计价依据）

ISBN 978－7－5160－2074－6

Ⅰ.①安… Ⅱ.①安… Ⅲ.①建筑安装—工程造价—安徽②消防设备—建筑安装—工程造价—安徽 Ⅳ.①TU723.34

中国版本图书馆CIP数据核字（2017）第264863号

安徽省安装工程计价定额（第九册）消防工程

安徽省建设工程造价管理总站　编

出版发行：中国建材工业出版社

地　　址：北京市海淀区三里河路1号

邮　　编：100044

经　　销：全国各地新华书店

印　　刷：北京鑫正大印刷有限公司

开　　本：787mm×1092mm　　1/16

印　　张：9.25

字　　数：220千字

版　　次：2018年1月第1版

印　　次：2018年1月第2次

定　　价：68.00元

本社网址：www.jccbs.com　　微信公众号：zgjcgycbs

本书如出现印装质量问题，由我社市场营销部负责调换。联系电话：(010)88386906

安徽省住房和城乡建设厅发布

建标〔2017〕191号

安徽省住房和城乡建设厅关于发布2018版安徽省
建设工程计价依据的通知

各市住房城乡建设委（城乡建设委、城乡规划建设委），广德、宿松县住房城乡建设委（局），省直有关单位：

为适应安徽省建筑市场发展需要，规范建设工程造价计价行为，合理确定工程造价，根据国家有关规范、标准，结合我省实际，我厅组织编制了2018版安徽省建设工程计价依据（以下简称2018版计价依据），现予以发布，并将有关事项通知如下：

一、2018版计价依据包括：《安徽省建设工程工程量清单计价办法》《安徽省建设工程费用定额》《安徽省建设工程施工机械台班费用编制规则》《安徽省建设工程计价定额（共用册）》《安徽省建筑工程计价定额》《安徽省装饰装修工程计价定额》《安徽省安装工程计价定额》《安徽省市政工程计价定额》《安徽省园林绿化工程计价定额》《安徽省仿古建筑工程计价定额》。

二、2018版计价依据自2018年1月1日起施行。凡2018年1月1日前已签订施工合同的工程，其计价依据仍按原合同执行。

三、原省建设厅建定〔2005〕101号、建定〔2005〕102号、建定〔2008〕259号文件发布的计价依据，自2018年1月1日起同时废止。

四、2018版计价依据由安徽省建设工程造价管理总站负责管理与解释。在执行过程中，如有问题和意见，请及时向安徽省建设工程造价管理总站反馈。

安徽省住房和城乡建设厅

2017年9月26日

编制委员会

总　说　明

一、《安徽省安装工程计价定额》以下简称"本安装定额"，是依据国家现行有关工程建设标准、规范及相关定额，并结合近几年我省出现的新工艺、新技术、新材料的应用情况，及安装工程设计与施工特点编制的。

二、本安装定额共分为十一册，包括：

第一册　机械设备安装工程

第二册　热力设备安装工程

第三册　静置设备与工艺金属结构制作安装工程（上、下）

第四册　电气设备安装工程

第五册　建筑智能化工程

第六册　自动化控制仪表安装工程

第七册　通风空调工程

第八册　工业管道工程

第九册　消防工程

第十册　给排水、采暖、燃气工程

第十一册　刷油、防腐蚀、绝热工程

三、本安装定额适用于我省境内工业与民用建筑的新建、扩建、改建工程中的给排水、采暖、燃气、通风空调、消防、电气照明、通信、智能化系统等设备、管线的安装工程和一般机械设备工程。

四、本安装定额的作用

1. 是编审设计概算、最高投标限价、施工图预算的依据；

2. 是调解处理工程造价纠纷的依据；

3. 是工程成本评审，工程造价鉴定的依据；

4. 是施工企业编制企业定额、投标报价、拨付工程价款、竣工结算的参考依据。

五、本安装定额是按照正常的施工条件，大多数施工企业采用的施工方法、机械化装备程度、合理的施工工期、施工工艺、劳动组织编制的，反映当前社会平均消耗量水平。

六、本安装定额中人工工日以"综合工日"表示，不分工种、技术等级。内容包括：基本用工、辅助用工、超运距用工及人工幅度差。

七、本安装定额中的材料：

1. 本安装定额中的材料包括主要材料、辅助材料和其他材料。

2. 本安装定额中的材料消耗量包括净用量和损耗量。损耗量包括：从工地仓库、现场集中堆放地点或现场加工地点至操作或安装地点的现场运输损耗、施工操作损耗、施工现场堆放损耗。凡能计量的材料、成品、半成品均逐一列出消耗量，难以计量的材料以"其他材料费占材料费"百分比形式表示。

3．本安装定额中消耗量用括号"（ ）"表示的为该子目的未计价材料用量，基价中不包括其价格。

八、本安装定额中的机械及仪器仪表：

1．本安装定额的机械台班及仪器仪表消耗量是按正常合理的配备、施工工效测算确定的，已包括幅度差。

2．本安装定额中仅列主要施工机械及仪器仪表消耗量。凡单位价值 2000 元以内，使用年限在一年以内，不构成固定资产的施工机械及仪器仪表，定额中未列消耗量，企业管理费中考虑其使用费，其燃料动力消耗在材料费中计取。难以计量的机械台班是以"其他机械费占机械费"百分比形式表示。

九、本安装定额关于水平和垂直运输：

1．设备：包括自安装现场指定堆放地点运至安装地点的水平和垂直运输。

2．材料、成品、半成品：包括自施工单位现场仓库或现场指定堆放地点运至安装地点的水平和垂直运输。

3．垂直运输基准面：室内以室内地平面为基准面，室外以安装现场地平面为基准面。

十、本安装定额未考虑施工与生产同时进行、有害身体健康的环境中施工时降效增加费，实际发生时另行计算。

十一、本安装定额中凡注有"××以内"或"××以下"者，均包括"××"本身；凡注有"××以外"或"××以上"者，则不包括"××"本身。

十二、本安装定额授权安徽省建设工程造价总站负责解释和管理。

十三、著作权所有，未经授权，严禁使用本书内容及数据制作各类出版物和软件，违者必究。

册说明

一、第九册《消防工程》以下简称"本册定额",适用于工业与民用建筑工程中的消防工程。

二、本册定额编制的主要技术依据有:

1. 《消防给水及消火栓系统技术规范》GB 50974-2014;
2. 《自动喷水灭火系统设计规范》GB 50084-2005;
3. 《自动喷水灭火系统施工及验收规范》GB 50261-2005;
4. 《固定消防炮灭火系统设计规范》GB 50338-2003;
5. 《固定消防炮灭火系统施工与验收规范》GB 50498-2009;
6. 《自动消防炮灭火系统技术规程》CECS 245:2008;
7. 《沟槽式连接管道工程技术规程》CECS 151-2003;
8. 《火灾自动报警系统设计规范》CB 50116-2013;
9. 《火灾自动报警系统施工及验收规范》GB 50166-2007;
10. 《气体灭火系统设计规范》GB 50370-2005;
11. 《气体灭火系统施工及验收规范》GB 50263-2007;
12. 《二氧化碳灭火系统设计规范》GB 50193-2010;
13. 《泡沫灭火系统设计规范》GB 50151-2010;
14. 《泡沫灭火系统施工及验收规范》GB 50281-2006;
15. 《消防联动控制系统》GB 16806-2006;
16. 《通用安装工程工程量计算规范》GB 50586-2013;
17. 《全国统一安装工程预算定额》GYD-2000;
18. 《建设工程劳动定额安装工程》LD/T 74.1~4-2008;
19. 《全国统一安装工程基础定额》GJD-201-9 2006;
20. 《全国统一施工机械台班费用定额》(2014);
21. 《全国统一安装工程施工仪器仪表台班费用定额》(2014)。

三、本册定额不包括下列内容:

1. 阀门、气压罐安装,消防水箱、套管、支架制作安装(注明者除外),执行第十册《给排水、采暖、燃气工程》相应项目;
2. 各种消防泵、稳压泵安装,执行第一册《机械设备安装工程》相应项目;
3. 不锈钢管、铜管管道安装,执行第八册《工业管道工程》相应项目;
4. 刷油、防腐蚀、绝热工程,执行第十一册《刷油、防腐蚀、绝热工程》相应项目;
5. 电缆敷设、桥架安装、配管配线、接线盒、电动机检查接线、防雷接地装置等安装,执行第四册《电气设备安装工程》相应项目;
6. 各种仪表的安装及带电讯号的阀门、水流指示器、压力开关、驱动装置及泄漏报警开关的接线、校线等执行第六册《自动化控制仪表安装工程》相应项目;
7. 剔槽打洞及恢复执行第十册《给排水、采暖、燃气工程》相应项目;
8. 凡涉及管沟、基坑及井类的土方开挖、回填、运输、垫层、基础、砌筑、地沟盖板预制安装、路面开挖及修复、管道混凝土支墩的项目，执行《安徽省建筑工程计价定额》和《安徽省市政工程计价定额》相应项目。

四、下列费用可按系数分别计取：

1. 脚手架搭拆费按定额人工费的5%计算，其费用中人工费占35%。

2. 操作高度增加费：本册定额操作高度，均按5m以下编制，安装高度超过5m时，超过部分工程量按定额人工费乘以下表系数。

操作物高度（m）	≤10	≤30
系数	1.10	1.20

3. 建筑物超高增加费：高度在6层或20m以上的工业与民用建筑物上进行安装时增加的费用，按下表计算，其费用中人工费占65%。

建筑物檐高（m）	≤40	≤60	≤80	≤100	≤120	≤140	≤160	≤180	≤200
建筑层数（层）	≤12	≤18	≤24	≤30	≤36	≤42	≤48	≤54	≤60
按人工费的（%）	2	5	9	14	20	26	32	38	44

五、界限划分：

1. 消防系统室内外管道以建筑物外墙皮1.5m为界，入口处设阀门者以阀门为界；室外埋地管道执行第十册《给排水、采暖、燃气工程》中室外给水管道安装相应项目。

2. 厂区范围内的装置、站、罐区的架空消防管道执行本册定额相应子目。

3. 与市政给水管道的界限：以与市政给水管道碰头点（井）为界。

目　录

第一章　水灭火系统

第二章　气体灭火系统

第三章 泡沫灭火系统

第四章 火灾自动报警系统

第五章 消防系统调试

第一章　水灭火系统

说　　明

一、本章内容包括水喷淋钢管、消火栓钢管、水喷淋（雾）喷头、报警装置、水流指示器、温感式水幕装置、减压孔板、末端试水装置、集热板、消火栓、消防水泵结合器、灭火器、消防水炮等安装。

二、本章适用于工业和民用建（构）筑物设置的水灭火系统的管道、各种组件、消火栓、消防水炮等安装。

三、管道安装相关规定：

1. 钢管（法兰连接）定额中包括管件及法兰安装，但管件、法兰数量应按设计图纸用量另行计算，螺栓按设计用量加3%损耗计算；

2. 若设计或规范要求钢管需要镀锌，其镀锌及场外运输另行计算；

3. 管道安装（沟槽连接）已包括直接卡箍件安装，其他沟槽管件另行执行相关项目；

4. 消火栓管道采用无缝钢管焊接时，定额中包括管件安装，管件主材依据设计图纸数量另计工程量；

5. 消火栓管道采用钢管（沟槽连接）时，执行水喷淋钢管（沟槽连接）相关项目。

四、有关说明：

1. 沟槽式法兰阀门安装执行沟槽管件安装相应项目，人工乘以系数1.1。

2. 报警装置安装项目，定额中已包括装配管、泄放试验管及水力警铃出水管安装，水力警铃进水管按图示尺寸执行管道安装相应项目；其他报警装置适用于雨淋、干湿两用及预作用报警装置。

3. 水流指示器（马鞍形连接）项目，主材中包括胶圈、U型卡；若设计要求水流指示器采用丝接时，执行第十册《给排水、采暖、燃气工程》丝接阀门相应项目。

4. 喷头、报警装置及水流指示器安装定额均按管网系统试压、冲洗合格后安装考虑的，定额中已包括丝堵、临时短管的安装、拆除及摊销。

5. 温感式水幕装置安装定额中已包括给水三通至喷头、阀门间的管道、管件、阀门、喷头等全部安装内容，但管道的主材数量按设计管道中心长度另加损耗计算；喷头数量按设计数量另加损耗计算。

6. 集热罩安装项目，主材中应包括所配备的成品支架。

7. 落地组合式消防柜安装，执行室内消火栓定额项目。

8. 室外消火栓、消防水泵接合器安装，定额中包括法兰接管及弯管底座（消火栓三通）的安装，本身价值另行计算。

9. 消防水炮及模拟末端装置项目，定额中仅包括本体安装，不包括型钢底座制作安装和混凝土基础砌筑；型钢底座制作安装执行第十册《给排水、采暖、燃气工程》设备支架制作安装相应项目，混凝土基础执行《安徽省建筑工程计价定额》相应项目。

10. 设置于管道间、管廊内的管道，其定额人工、机械乘以系数 1.2。

工程量计算规则

一、管道安装按设计图示管道中心线长度以"10m"为计量单位。不扣除阀门、管件及各种组件所占长度。

二、管件连接分规格以"10 个"为计量单位。沟槽管件主材包括卡箍及密封圈以"套"为计量单位。

三、喷头、水流指示器、减压孔板、集热板按设计图示数量计算。按安装部位、方式、分规格以"个"为计量单位。

四、报警装置、室内消火栓、室外消火栓、消防水泵接合器均按设计图示数量计算。报警装置、室内外消火栓、消防水泵接合器分形式,按成套产品以"组"为计量单位;成套产品包括的内容详见附录。

五、末端试水装置按设计图示数量计算,分规格以"组"为计量单位。

六、温感式水幕装置安装以"组"为计量单位。

七、灭火器按设计图示数量计算,分形式以"具、组"为计量单位。

八、消防水炮按设计图示数量计算,分规格以"台"为计量单位。

一、水喷淋钢管

1. 镀锌钢管(螺纹连接)

工作内容：检查及清扫管材、切管、套丝、调直、管道及管件安装、丝口刷漆、水压试验、水冲洗。

计量单位：10m

定 额 编 号			A9-1-1	A9-1-2	A9-1-3	A9-1-4
项 目 名 称			公称直径(mm以内)			
			25	32	40	50
基 价 (元)			144.90	166.41	221.20	232.56
其中	人 工 费 (元)		131.04	151.06	203.14	213.64
	材 料 费 (元)		11.04	11.89	13.96	13.97
	机 械 费 (元)		2.82	3.46	4.10	4.95
名 称	单位	单价(元)	消 耗 量			
人工 综合工日	工日	140.00	0.936	1.079	1.451	1.526
材 料 镀锌钢管	m	—	(10.050)	(10.050)	(10.050)	(10.050)
镀锌钢管接头管件 DN25	个	—	(5.900)	—	—	—
镀锌钢管接头管件 DN32	个	—	—	(6.870)	—	—
镀锌钢管接头管件 DN40	个	—	—	—	(8.610)	—
镀锌钢管接头管件 DN50	个	—	—	—	—	(8.080)
棉纱头	kg	6.00	0.240	0.280	0.280	0.300
尼龙砂轮片 φ500×25×4	片	12.82	0.120	0.150	0.260	0.240
铅油(厚漆)	kg	6.45	0.061	0.088	0.160	0.170
热轧厚钢板 δ8.0～20	kg	3.20	0.490	0.490	0.490	0.490
水	m³	7.96	0.582	0.582	0.582	0.582
线麻	kg	10.26	0.006	0.009	0.016	0.017
压力表 0～1.6MPa(带弯带阀)	套	42.40	0.020	0.020	0.020	0.020
银粉漆	kg	11.11	0.021	0.021	0.027	0.033
其他材料费占材料费	%	—	3.000	3.000	3.000	3.000
机械 管子切断套丝机 159mm	台班	21.31	0.120	0.150	0.180	0.220
试压泵 3MPa	台班	17.53	0.015	0.015	0.015	0.015

工作内容：检查及清扫管材、切管、套丝、调直、管道及管件安装、丝口刷漆、水压试验、水冲洗。

计量单位：10m

定 额 编 号			A9-1-5	A9-1-6	A9-1-7
项 目 名 称			公称直径(mm以内)		
			65	80	100
基 价 （元）			263.12	282.94	288.61
其中	人 工 费（元）		238.14	255.36	258.30
	材 料 费（元）		18.96	20.50	23.78
	机 械 费（元）		6.02	7.08	6.53
名 称	单位	单价(元)	消 耗 量		
人工 综合工日	工日	140.00	1.701	1.824	1.845
材料 镀锌钢管	m	—	(9.950)	(9.950)	(9.950)
镀锌钢管接头管件 DN100	个	—	—	—	(5.200)
镀锌钢管接头管件 DN65	个	—	(7.560)	—	—
镀锌钢管接头管件 DN80	个	—	—	(7.410)	—
镀锌铁丝 φ4.0～2.8	kg	3.57	—	—	0.080
机油	kg	19.66	—	—	0.070
棉纱头	kg	6.00	0.380	0.420	0.490
尼龙砂轮片 φ500×25×4	片	12.82	0.360	0.400	0.480
铅油(厚漆)	kg	6.45	0.240	0.340	0.350
热轧厚钢板 δ12～20	kg	3.20	—	—	0.490
热轧厚钢板 δ8.0～20	kg	3.20	0.490	0.490	—
水	m³	7.96	0.882	0.882	0.882
线麻	kg	10.26	0.024	0.034	0.035
压力表 0～1.6MPa(带弯带阀)	套	42.40	0.020	0.020	0.020
银粉漆	kg	11.11	0.025	0.025	0.025
其他材料费占材料费	%	—	3.000	3.000	3.000
机械 管子切断套丝机 159mm	台班	21.31	0.270	0.320	0.290
试压泵 3MPa	台班	17.53	0.015	0.015	0.020

2. 钢管(法兰连接)

工作内容：检查及清扫管材、切管、坡口、对口、调直、焊接法兰、紧螺栓、加垫、管道及管件预安装、拆卸、二次安装、水压试验、水冲洗。

计量单位：10m

定 额 编 号				A9-1-8	A9-1-9	A9-1-10	A9-1-11
项 目 名 称				公称直径(mm以内)			
				100	125	150	200
基 价（元）				510.86	542.94	621.26	1011.70
其中	人 工 费（元）			384.58	364.70	392.00	523.46
	材 料 费（元）			50.82	77.59	98.27	140.53
	机 械 费（元）			75.46	100.65	130.99	347.71
名 称		单位	单价(元)	消 耗 量			
人工	综合工日	工日	140.00	2.747	2.605	2.800	3.739
材料	钢管	m	—	(10.000)	(10.000)	(10.000)	(10.000)
	低碳钢焊条	kg	6.84	1.650	2.205	2.865	5.940
	棉纱头	kg	6.00	0.072	0.087	0.104	0.138
	尼龙砂轮片 φ400	片	8.55	0.420	0.680	1.730	2.300
	热轧厚钢板 δ12~20	kg	3.20	1.476	1.476	1.476	1.476
	石棉橡胶板	kg	9.40	1.368	1.587	1.932	2.277
	水	m³	7.96	0.882	2.524	2.524	2.650
	压力表 0~1.6MPa(带弯带阀)	套	42.40	0.020	0.030	0.030	0.030
	氧气	m³	3.63	1.110	1.670	2.090	3.470
	乙炔气	m³	11.48	0.396	0.596	0.746	1.239
	其他材料费占材料费	%	—	3.000	3.000	3.000	3.000
机械	电动单筒慢速卷扬机 50kN	台班	215.57	—	—	—	0.210
	电焊机(综合)	台班	118.28	0.635	0.848	1.102	2.285
	汽车式起重机 8t	台班	763.67	—	—	—	0.030
	试压泵 3MPa	台班	17.53	0.020	0.020	0.037	0.037
	载重汽车 5t	台班	430.70	—	—	—	0.020

工作内容：检查及清扫管材、切管、坡口、对口、调直、焊接法兰、紧螺栓、加垫、管道及管件预安装、拆卸、二次安装、水压试验、水冲洗。

计量单位：10m

定 额 编 号				A9-1-12	A9-1-13	A9-1-14	A9-1-15
项 目 名 称				公称直径(mm以内)			
				250	300	350	400
基 价 （元）				1226.46	1420.33	1845.75	2090.25
其中	人 工 费（元）			571.48	660.24	745.78	846.72
	材 料 费（元）			183.86	205.76	296.12	325.36
	机 械 费（元）			471.12	554.33	803.85	918.17
名 称		单位	单价(元)	消 耗 量			
人工	综合工日	工日	140.00	4.082	4.716	5.327	6.048
材 料	钢管	m	—	(9.950)	(9.950)	(9.950)	(9.950)
	低碳钢焊条	kg	6.84	8.370	9.945	14.835	16.755
	棉纱头	kg	6.00	0.118	0.204	0.237	0.268
	尼龙砂轮片 φ400	片	8.55	2.710	3.030	3.600	3.840
	热轧厚钢板 δ12～20	kg	3.20	2.324	2.324	2.842	2.842
	石棉橡胶板	kg	9.40	2.054	2.280	3.094	3.767
	水	m³	7.96	4.650	4.650	7.950	7.950
	压力表 0～1.6MPa(带弯带阀)	套	42.40	0.040	0.040	0.040	0.040
	氧气	m³	3.63	4.130	4.794	6.558	7.421
	乙炔气	m³	11.48	1.475	1.710	2.340	2.650
	其他材料费占材料费	%	—	3.000	3.000	3.000	3.000
机 械	电动单筒慢速卷扬机 50kN	台班	215.57	0.270	0.320	0.390	0.460
	电焊机(综合)	台班	118.28	3.219	3.825	5.706	6.444
	汽车式起重机 8t	台班	763.67	0.030	0.030	0.040	0.050
	试压泵 3MPa	台班	17.53	0.037	0.080	0.080	0.080
	载重汽车 5t	台班	430.70	0.020	0.020	0.030	0.040

3. 钢管(沟槽连接)

(1)管道安装(沟槽连接)

工作内容：检查及清扫管材、切管、压槽、对口、调直、涂抹润滑剂、上胶圈、安装卡箍件、紧螺栓、水压试验、水冲洗。

计量单位：10m

定 额 编 号			A9-1-16	A9-1-17	A9-1-18	A9-1-19
项 目 名 称			公称直径(mm以内)			
			65	80	100	125
基 价（元）			149.68	164.09	175.93	219.44
其中	人 工 费（元）		136.92	150.92	162.26	188.02
	材 料 费（元）		11.28	11.44	11.71	29.04
	机 械 费（元）		1.48	1.73	1.96	2.38
名 称	单位	单价（元）	消 耗 量			
人工 综合工日	工日	140.00	0.978	1.078	1.159	1.343
材料 钢管	m	—	(10.150)	(10.150)	(10.150)	(10.100)
沟槽直接头(含胶圈)	套	—	(1.667)	(1.667)	(1.667)	(1.667)
棉纱头	kg	6.00	0.047	0.056	0.072	0.087
尼龙砂轮片 φ400	片	8.55	0.144	0.156	0.176	0.185
热轧厚钢板 δ12～20	kg	3.20	0.490	0.490	0.490	1.476
水	m³	7.96	0.882	0.882	0.882	2.524
压力表 0～1.6MPa(带弯带阀)	套	42.40	0.020	0.020	0.020	0.030
其他材料费占材料费	%	—	3.000	3.000	3.000	3.000
机械 滚槽机	台班	23.32	0.052	0.063	0.069	0.087
试压泵 3MPa	台班	17.53	0.015	0.015	0.020	0.020

工作内容：检查及清扫管材、切管、压槽、对口、调直、涂抹润滑剂、上胶圈、安装卡箍件、紧螺栓、水压试验、水冲洗。

计量单位：10m

定 额 编 号			A9-1-20	A9-1-21	A9-1-22	A9-1-23
项 目 名 称			公称直径(mm以内)			
			150	200	250	300
基 价（元）			233.47	272.15	358.66	396.35
其中	人 工 费（元）		201.18	218.40	269.08	306.18
	材 料 费（元）		29.22	30.68	53.76	54.35
	机 械 费（元）		3.07	23.07	35.82	35.82
名 称	单位	单价(元)	消 耗 量			
人工 综合工日	工日	140.00	1.437	1.560	1.922	2.187
钢管	m	—	(10.100)	(10.100)	(10.100)	(10.100)
沟槽直接头(含胶圈)	套	—	(1.667)	(1.667)	(1.667)	(1.667)
镀锌铁丝 φ4.0～2.8	kg	3.57	—	—	0.080	0.080
机油	kg	19.66	—	—	0.081	0.089
材料 棉纱头	kg	6.00	0.104	0.134	0.172	0.189
尼龙砂轮片 φ400	片	8.55	0.194	0.221	0.330	0.363
热轧厚钢板 δ12～20	kg	3.20	1.476	1.476	2.324	2.324
润滑剂	kg	5.98	—	—	0.053	0.058
水	m³	7.96	2.524	2.650	4.650	4.650
压力表 0～1.6MPa(带弯带阀)	套	42.40	0.030	0.030	0.040	0.040
其他材料费占材料费	%	—	3.000	3.000	3.000	3.000
滚槽机	台班	23.32	0.104	0.122	0.139	0.139
机械 汽车式起重机 8t	台班	763.67	—	0.020	0.030	0.030
试压泵 3MPa	台班	17.53	0.037	0.037	0.060	0.060
载重汽车 5t	台班	430.70	—	0.010	0.020	0.020

(2)管件安装

工作内容：外观检查、开孔、对口、涂抹润滑剂、上胶圈、安装卡箍件、紧螺栓。　　计量单位：10个

定　额　编　号				A9-1-24	A9-1-25	A9-1-26	A9-1-27
项　目　名　称				公称直径(mm以内)			
				65	80	100	125
基　　　　价（元）				160.75	179.20	206.21	301.89
其中	人　工　费（元）			138.60	153.02	177.10	266.56
	材　料　费（元）			4.08	4.62	4.92	5.35
	机　械　费（元）			18.07	21.56	24.19	29.98
名　　　　称		单位	单价（元）	消　　耗　　量			
人工	综合工日	工日	140.00	0.990	1.093	1.265	1.904
材料	沟槽管件	套	—	(10.050)	(10.050)	(10.050)	(10.050)
	机油	kg	19.66	0.023	0.032	0.036	0.045
	棉纱头	kg	6.00	0.030	0.035	0.039	0.055
	尼龙砂轮片 φ400	片	8.55	0.333	0.357	0.370	0.385
	润滑剂	kg	5.98	0.080	0.100	0.112	0.115
	其他材料费占材料费	%	—	3.000	3.000	3.000	3.000
机械	滚槽机	台班	23.32	0.160	0.192	0.213	0.265
	开孔机 200mm	台班	305.09	0.047	0.056	0.063	0.078

工作内容：外观检查、开孔、对口、涂抹润滑剂、上胶圈、安装卡箍件、紧螺栓。　　　　　计量单位：10个

定　额　编　号			A9-1-28	A9-1-29	A9-1-30	A9-1-31
项　目　名　称			公称直径(mm以内)			
			150	200	250	300
基　　　　价（元）			342.75	469.51	682.30	724.82
其中	人　工　费（元）		300.58	420.00	625.80	665.56
	材　料　费（元）		6.03	7.28	8.08	8.48
	机　械　费（元）		36.14	42.23	48.42	50.78
名　　　称	单位	单价（元）	消　　耗　　量			
人工	综合工日	工日	140.00	2.147	3.000	4.470	4.754
材料	沟槽管件	套	—	(10.050)	(10.050)	(10.050)	(10.050)
	机油	kg	19.66	0.054	0.072	0.081	0.085
	棉纱头	kg	6.00	0.065	0.084	0.097	0.102
	尼龙砂轮片 φ400	片	8.55	0.400	0.460	0.478	0.502
	润滑剂	kg	5.98	0.164	0.204	0.264	0.277
	其他材料费占材料费	%	—	3.000	3.000	3.000	3.000
机械	滚槽机	台班	23.32	0.320	0.372	0.425	0.447
	开孔机 200mm	台班	305.09	0.094	0.110	—	—
	开孔机 400mm	台班	308.08	—	—	0.125	0.131

二、消火栓钢管

1.镀锌钢管(螺纹连接)

工作内容:检查及清扫管材、切管、套丝、调直、管道及管件安装、丝口刷漆、水压试验、水冲洗。

计量单位:10m

定 额 编 号			A9-1-32	A9-1-33	A9-1-34	A9-1-35
项 目 名 称			公称直径(mm以内)			
			50	65	80	100
基 价 (元)			199.95	221.54	225.29	236.35
其中	人 工 费 (元)		187.18	202.72	206.92	217.42
	材 料 费 (元)		8.76	13.83	14.08	14.66
	机 械 费 (元)		4.01	4.99	4.29	4.27
名 称	单位	单价(元)	消 耗 量			
人工 综合工日	工日	140.00	1.337	1.448	1.478	1.553
材料 镀锌钢管	m	—	(10.050)	(10.050)	(10.050)	(10.050)
镀锌钢管接头管件 DN50	个	—	(6.570)	—	—	—
镀锌钢管接头管件 DN65	个	—	—	(5.960)	—	—
镀锌钢管接头管件 DN80	个	—	—	—	(4.240)	—
镀锌钢管接头管件 DN100	个	—	—	—	—	(3.870)
棉纱头	kg	6.00	0.013	0.013	0.013	0.013
尼龙砂轮片 φ400	片	8.55	0.108	0.292	0.311	0.325
铅油(厚漆)	kg	6.45	0.140	0.190	0.200	0.260
热轧厚钢板 δ12~20	kg	3.20	0.306	0.490	0.490	0.490
水	m³	7.96	0.582	0.882	0.882	0.882
线麻	kg	10.26	0.014	0.019	0.020	0.026
压力表 0~1.6MPa(带弯带阀)	套	42.40	0.020	0.020	0.020	0.020
其他材料费占材料费	%	—	3.000	3.000	3.000	3.000
机械 管子切断套丝机 159mm	台班	21.31	0.176	0.222	0.189	0.184
试压泵 3MPa	台班	17.53	0.015	0.015	0.015	0.020

15

2.无缝钢管(焊接)

工作内容:检查及清扫管材、切管、套丝、调直、管道及管件安装、丝口刷漆、水压试验、水冲洗。

计量单位:10m

定　额　编　号			A9-1-36	A9-1-37	A9-1-38
项　目　名　称			管外径(mm以内)		
			76	89	108
基　　　　价(元)			235.49	260.05	288.21
其中	人　工　费(元)		174.16	192.50	199.22
	材　料　费(元)		28.30	30.86	38.61
	机　械　费(元)		33.03	36.69	50.38
名　　　称	单位	单价(元)	消　　耗　　量		
人工 综合工日	工日	140.00	1.244	1.375	1.423
材料 无缝钢管(综合)	m	—	(10.100)	(10.100)	(10.100)
低碳钢焊条	kg	6.84	0.720	0.800	1.100
镀锌铁丝 φ4.0~2.8	kg	3.57	0.570	0.570	0.570
棉纱头	kg	6.00	0.047	0.056	0.072
尼龙砂轮片 φ400	片	8.55	0.450	0.500	0.860
热轧薄钢板 δ3.5~4.0	kg	3.93	0.100	0.100	0.100
水	m³	7.96	0.882	0.882	0.882
压力表 0~1.6MPa(带弯带阀)	套	42.40	0.020	0.020	0.020
氧气	m³	3.63	1.010	1.190	1.476
乙炔气	m³	11.48	0.388	0.458	0.568
其他材料费占材料费	%	—	3.000	3.000	3.000
机械 电焊机(综合)	台班	118.28	0.277	0.308	0.423
试压泵 3MPa	台班	17.53	0.015	0.015	0.020

工作内容：检查及清扫管材、切管、套丝、调直、管道及管件安装、丝口刷漆、水压试验、水冲洗。

计量单位：10m

定　额　编　号				A9-1-39	A9-1-40	A9-1-41
项　目　名　称				管外径(mm以内)		
				133	159	219
基　　　价（元）				345.14	383.99	455.36
其中	人　工　费（元）			214.48	223.02	262.50
	材　料　费（元）			63.48	73.68	82.98
	机　械　费（元）			67.18	87.29	109.88
名　　　称		单位	单价(元)	消　　耗　　量		
人工	综合工日	工日	140.00	1.532	1.593	1.875
材料	无缝钢管(综合)	m	—	(10.100)	(10.100)	(10.100)
	低碳钢焊条	kg	6.84	1.470	1.910	2.230
	镀锌铁丝 φ4.0～2.8	kg	3.57	1.556	1.556	1.556
	棉纱头	kg	6.00	0.087	0.104	0.110
	尼龙砂轮片 φ400	片	8.55	1.100	1.500	1.900
	热轧薄钢板 δ3.5～4.0	kg	3.93	0.140	0.140	0.140
	水	m³	7.96	2.524	2.524	2.524
	压力表 0～1.6MPa(带弯带阀)	套	42.40	0.030	0.030	0.030
	氧气	m³	3.63	1.762	2.182	2.602
	乙炔气	m³	11.48	0.678	0.839	1.001
	其他材料费占材料费	%	—	3.000	3.000	3.000
机械	电焊机(综合)	台班	118.28	0.565	0.735	0.926
	试压泵 3MPa	台班	17.53	0.020	0.020	0.020

三、水喷淋(雾)喷头

工作内容：外观检查、管口套丝、管件安装、丝堵拆装、喷头追位及安装、装饰盘安装、喷头外观清洁。

计量单位：个

定　额　编　号				A9-1-42	A9-1-43	A9-1-44
项　目　名　称				无吊顶		
				公称直径(mm以内)		
				15	20	25
基　　　　　价（元）				10.28	11.17	12.73
其中	人　工　费（元）			7.56	7.84	7.84
	材　料　费（元）			2.57	3.18	4.74
	机　械　费（元）			0.15	0.15	0.15
名　　　　称		单位	单价(元)	消　　耗　　量		
人工	综合工日	工日	140.00	0.054	0.056	0.056
材料	喷头	个	—	(1.010)	(1.010)	(1.010)
	镀锌丝堵 DN15(堵头)	个	0.77	1.000	—	—
	镀锌丝堵 DN20(堵头)	个	1.03	—	1.000	—
	镀锌丝堵 DN25(堵头)	个	1.20	—	—	1.000
	镀锌异径管箍 DN25×15	个	1.54	1.010	—	—
	镀锌异径管箍 DN25×20	个	1.84	—	1.010	—
	镀锌异径管箍 DN32×25	个	3.16	—	—	1.010
	聚四氟乙烯生料带	m	0.13	0.642	0.642	0.642
	尼龙砂轮片 φ400	片	8.55	0.010	0.013	0.015
	其他材料费占材料费	%	—	3.000	3.000	3.000
机械	管子切断套丝机 159mm	台班	21.31	0.007	0.007	0.007

工作内容：外观检查、管口套丝、管件安装、丝堵拆装、喷头追位及安装、装饰盘安装、喷头外观清洁。

计量单位：个

定　额　编　号			A9-1-45	A9-1-46	A9-1-47
项　目　名　称			有吊顶		
			公称直径(mm以内)		
			15	20	25
基　　　　　价（元）			19.52	20.47	25.33
其中	人　工　费（元）		10.22	10.50	10.50
	材　料　费（元）		8.96	9.63	14.49
	机　械　费（元）		0.34	0.34	0.34
名　　　称	单位	单价(元)	消　　耗　　量		
人工 综合工日	工日	140.00	0.073	0.075	0.075
材料 喷头(含装饰盘)	个	—	(1.010)	(1.010)	(1.010)
镀锌丝堵 DN15(堵头)	个	0.77	1.000	—	—
镀锌丝堵 DN20(堵头)	个	1.03	—	1.000	—
镀锌丝堵 DN25(堵头)	个	1.20	—	—	1.000
镀锌弯头 DN25	个	3.03	2.020	2.020	—
镀锌弯头 DN32	个	4.62	—	—	2.020
镀锌异径管箍 DN25×15	个	1.54	1.010	—	—
镀锌异径管箍 DN25×20	个	1.84	—	1.010	—
镀锌异径管箍 DN32×25	个	3.16	—	—	1.010
聚四氟乙烯生料带	m	0.13	1.280	1.280	1.280
尼龙砂轮片 φ400	片	8.55	0.010	0.020	0.021
其他材料费占材料费	%	—	3.000	3.000	3.000
机械 管子切断套丝机 159mm	台班	21.31	0.016	0.016	0.016

四、报警装置

1.湿式报警装置

工作内容：部件外观检查、切管、坡口、组对、法兰安装、紧螺栓、临时短管装拆、整体组装、部件及配管安装、报警阀泄放试验管安装、报警装置调试。

计量单位：组

定 额 编 号				A9-1-48	A9-1-49	A9-1-50
项 目 名 称				公称直径(mm以内)		
				100	150	200
基 价（元）				382.36	437.02	532.29
其中	人 工 费（元）			278.18	310.80	384.58
	材 料 费（元）			102.76	124.45	145.59
	机 械 费（元）			1.42	1.77	2.12
名 称	单位	单价(元)		消 耗 量		
人工	综合工日	工日	140.00	1.987	2.220	2.747
材料	沟槽法兰(1.6MPa以下)	片	—	(2.000)	(2.000)	(2.000)
	湿式报警装置	套	—	(1.000)	(1.000)	(1.000)
	镀锌钢管 DN20	m	7.00	2.000	2.000	2.000
	镀锌钢管 DN50	m	21.00	2.000	2.000	2.000
	镀锌六角螺栓带螺母 2平垫1弹垫 M16×100以内	10套	12.00	1.648	—	—
	镀锌六角螺栓带螺母 2平垫1弹垫 M20×100以内	10套	23.00	—	1.648	2.472
	镀锌弯头 DN20	个	1.79	2.020	2.020	2.020
	镀锌弯头 DN50	个	7.69	2.020	2.020	2.020
	尼龙砂轮片 φ400	片	8.55	0.050	0.060	0.070
	铅油(厚漆)	kg	6.45	0.150	0.280	0.340
	石棉橡胶板	kg	9.40	0.350	0.550	0.660
	线麻	kg	10.26	0.015	0.028	0.034
	其他材料费占材料费	%	—	3.000	3.000	3.000
机械	管子切断套丝机 159mm	台班	21.31	0.034	0.034	0.034
	滚槽机	台班	23.32	0.030	0.045	0.060

2. 其他报警装置

工作内容：部件外观检查、切管、坡口、组对、法兰安装、紧螺栓、临时短管装拆、整体组装、部件及配管安装、报警阀泄放试验管安装、报警装置调试。　　　　　计量单位：组

定　额　编　号			A9-1-51	A9-1-52	A9-1-53
项　目　名　称			公称直径(mm以内)		
			100	150	200
基　　　　价（元）			438.08	499.04	609.29
其中	人　工　费（元）		333.90	372.82	461.58
	材　料　费（元）		102.76	124.45	145.59
	机　械　费（元）		1.42	1.77	2.12
名　　　称	单位	单价（元）	消　　耗　　量		
人工 综合工日	工日	140.00	2.385	2.663	3.297
材料 报警装置	套	—	(1.000)	(1.000)	(1.000)
沟槽法兰(1.6MPa以下)	片	—	(2.000)	(2.000)	(2.000)
镀锌钢管 DN20	m	7.00	2.000	2.000	2.000
镀锌钢管 DN50	m	21.00	2.000	2.000	2.000
镀锌六角螺栓带螺母 2平垫1弹垫 M16×100以内	10套	12.00	1.648	—	—
镀锌六角螺栓带螺母 2平垫1弹垫 M20×100以内	10套	23.00	—	1.648	2.472
镀锌弯头 DN20	个	1.79	2.020	2.020	2.020
镀锌弯头 DN50	个	7.69	2.020	2.020	2.020
尼龙砂轮片 φ400	片	8.55	0.050	0.060	0.070
铅油(厚漆)	kg	6.45	0.150	0.280	0.340
石棉橡胶板	kg	9.40	0.350	0.550	0.660
线麻	kg	10.26	0.015	0.028	0.034
其他材料费占材料费	%	—	3.000	3.000	3.000
机械 管子切断套丝机 159mm	台班	21.31	0.034	0.034	0.034
滚槽机	台班	23.32	0.030	0.045	0.060

五、水流指示器

1. 水流指示器(沟槽法兰连接)

工作内容：外观检查、功能检测、切管、坡口、法兰安装、紧螺栓、临时短管装拆、安装及调整、试验后复位。

计量单位：个

定 额 编 号				A9-1-54	A9-1-55	A9-1-56
项 目 名 称				公称直径(mm以内)		
				50	80	100
基 价 (元)				65.53	84.22	97.22
其中	人 工 费 (元)			45.36	59.36	71.26
	材 料 费 (元)			19.70	24.16	25.26
	机 械 费 (元)			0.47	0.70	0.70
名 称		单位	单价(元)	消 耗		量
人工	综合工日	工日	140.00	0.324	0.424	0.509
材料	沟槽法兰(1.6MPa以下)	片	—	(2.000)	(2.000)	(2.000)
	水流指示器	个	—	(1.000)	(1.000)	(1.000)
	镀锌六角螺栓带螺母 2平垫1弹垫 M16×100以内	10套	12.00	0.824	1.648	1.648
	沟槽法兰 1.6MPa以下	片	3.59	2.000	—	—
	尼龙砂轮片 φ400	片	8.55	0.026	0.054	0.057
	铅油(厚漆)	kg	6.45	0.080	0.120	0.150
	石棉橡胶板	kg	9.40	0.140	0.260	0.350
	其他材料费占材料费	%	—	3.000	3.000	3.000
机械	滚槽机	台班	23.32	0.020	0.030	0.030

工作内容：外观检查、功能检测、切管、坡口、法兰安装、紧螺栓、临时短管装拆、安装及调整、试验后复位。

计量单位：个

定　额　编　号				A9-1-57	A9-1-58
项　目　名　称				公称直径(mm以内)	
				150	200
基　　　　价（元）				148.28	202.22
其中	人　工　费（元）			100.38	132.86
	材　料　费（元）			46.85	67.96
	机　械　费（元）			1.05	1.40
名　　称		单位	单价(元)	消　　耗　　量	
人工	综合工日	工日	140.00	0.717	0.949
材料	沟槽法兰(1.6MPa以下)	片	—	(2.000)	(2.000)
	水流指示器	个	—	(1.000)	(1.000)
	镀锌六角螺栓带螺母 2平垫1弹垫 M20×100以内	10套	23.00	1.648	2.472
	尼龙砂轮片 φ400	片	8.55	0.071	0.085
	铅油(厚漆)	kg	6.45	0.280	0.340
	石棉橡胶板	kg	9.40	0.550	0.660
	其他材料费占材料费	%	—	3.000	3.000
机械	滚槽机	台班	23.32	0.045	0.060

23

2.水流指示器(马鞍型连接)

工作内容：外观检查、功能检测、开孔、安装、紧螺栓、卡子固定、调整、试验后复位。 计量单位：个

定 额 编 号				A9-1-59	A9-1-60	A9-1-61
项 目 名 称				公称直径(mm以内)		
				50	80	100
基 价 （元）				22.63	24.84	25.83
其中	人 工 费（元）			20.44	21.98	22.96
	材 料 费（元）			0.05	0.11	0.12
	机 械 费（元）			2.14	2.75	2.75
名 称		单位	单价(元)	消 耗 量		
人工	综合工日	工日	140.00	0.146	0.157	0.164
材料	水流指示器	个	—	(1.000)	(1.000)	(1.000)
	尼龙砂轮片 φ100	片	2.05	0.026	0.054	0.057
	其他材料费占材料费	%	—	3.000	3.000	3.000
机械	开孔机 200mm	台班	305.09	0.007	0.009	0.009

工作内容：外观检查、功能检测、开孔、安装、紧螺栓、卡子固定、调整、试验后复位。　计量单位：个

定　额　编　号				A9-1-62	A9-1-63
项　目　名　称				公称直径(mm以内)	
				150	200
基　　　　　价（元）				37.21	46.60
其中	人　工　费（元）			32.48	40.32
	材　料　费（元）			0.15	0.18
	机　械　费（元）			4.58	6.10
名　　　　称		单位	单价(元)	消　　耗　　量	
人工	综合工日	工日	140.00	0.232	0.288
材料	水流指示器	个	—	(1.000)	(1.000)
	尼龙砂轮片 φ100	片	2.05	0.071	0.085
	其他材料费占材料费	%	—	3.000	3.000
机械	开孔机 200mm	台班	305.09	0.015	0.020

六、温感式水幕装置安装

工作内容：管件检查、切管、套丝、上零件、管道安装、本体组装、球阀及喷头安装、调试。

计量单位：组

定 额 编 号			A9-1-64	A9-1-65	A9-1-66
项 目 名 称			公称直径(mm以内)		
			20	25	32
基 价 （元）			102.17	161.44	247.69
其中	人 工 费 （元）		74.76	114.24	144.20
	材 料 费 （元）		23.87	42.79	95.97
	机 械 费 （元）		3.54	4.41	7.52
名 称	单位	单价（元）	消 耗 量		
人工 综合工日	工日	140.00	0.534	0.816	1.030
材料 ZSPD型输出控制器	个	—	(1.000)	(1.000)	(1.000)
球阀(带铅封)	个	—	(1.010)	(1.010)	(1.010)
温感雨淋阀	个	—	(1.000)	(1.000)	(1.000)
镀锌管箍 DN20	个	2.31	1.010	—	—
镀锌管箍 DN25	个	2.48	—	1.010	—
镀锌管箍 DN32	个	4.62	—	—	1.010
镀锌活接头 DN20	个	3.85	1.010	—	—
镀锌活接头 DN25	个	4.27	—	1.010	—
镀锌活接头 DN32	个	7.26	—	—	1.010
镀锌三通 DN20	个	2.56	1.010	—	—
镀锌三通 DN25	个	3.85	—	1.010	—
镀锌三通 DN32	个	5.73	—	—	1.010
镀锌弯头 DN20	个	1.79	4.040	—	—
镀锌弯头 DN20×15	个	1.01	1.010	—	—
镀锌弯头 DN25	个	3.03	—	4.040	—
镀锌弯头 DN25×15	个	1.51	—	1.010	—
镀锌弯头 DN32	个	4.62	—	—	8.080
镀锌弯头 DN32×15	个	4.70	—	—	1.010
镀锌异径三通 DN20×15	个	2.82	1.010	—	—
镀锌异径三通 DN25×15	个	4.10	—	3.030	—
镀锌异径三通 DN32×15	个	6.84	—	—	4.040
机油	kg	19.66	0.069	0.086	0.093
聚四氟乙烯生料带	m	0.13	3.942	6.200	8.736
棉纱头	kg	6.00	0.045	0.062	0.093
尼龙砂轮片 φ400	片	8.55	0.132	0.208	0.252
其他材料费占材料费	%	—	3.000	3.000	3.000
机械 管子切断套丝机 159mm	台班	21.31	0.166	0.207	0.353

工作内容：管件检查、切管、套丝、上零件、管道安装、本体组装、球阀及喷头安装、调试。

计量单位：组

定 额 编 号				A9-1-67	A9-1-68
项 目 名 称				公称直径(mm以内)	
				40	50
基 价（元）				321.26	438.38
其中	人 工 费（元）			214.06	257.32
	材 料 费（元）			100.30	170.58
	机 械 费（元）			6.90	10.48
名 称		单位	单价(元)	消 耗 量	
人工	综合工日	工日	140.00	1.529	1.838
材料	ZSPD型输出控制器	个	—	(1.000)	(1.000)
	球阀(带铅封)	个	—	(1.010)	(1.010)
	温感雨淋阀	个	—	(1.000)	(1.000)
	镀锌管箍 DN40	个	5.98	1.010	
	镀锌管箍 DN50	个	6.84		1.010
	镀锌活接头 DN40	个	10.51	1.010	
	镀锌活接头 DN50	个	14.53	—	1.010
	镀锌三通 DN40	个	7.18	1.010	
	镀锌三通 DN50	个	10.26	—	1.010
	镀锌弯头 DN40	个	5.98	3.030	
	镀锌弯头 DN40×15	个	5.98	1.010	—
	镀锌弯头 DN50	个	7.69	—	3.030
	镀锌弯头 DN50×15	个	8.55		1.010
	镀锌异径三通 DN40×15	个	8.38	5.050	—
	镀锌异径三通 DN50×15	个	12.99	—	7.070
	机油	kg	19.66	0.121	0.161
	聚四氟乙烯生料带	m	0.13	9.046	13.568
	棉纱头	kg	6.00	0.124	0.197
	尼龙砂轮片 φ400	片	8.55	0.315	0.442
	其他材料费占材料费	%	—	3.000	3.000
机械	管子切断套丝机 159mm	台班	21.31	0.324	0.492

七、减压孔板

工作内容：外观检查、切管、坡口、焊法兰、减压孔板预安装、拆除、二次安装。　　　　计量单位：个

定　额　编　号				A9-1-69	A9-1-70	A9-1-71
项　目　名　称				公称直径(mm以内)		
				50	65	80
基　　价（元）				36.33	44.00	55.75
其中	人　工　费（元）			26.74	33.46	37.38
	材　料　费（元）			9.12	9.84	17.67
	机　械　费（元）			0.47	0.70	0.70
名　　称		单位	单价（元）	消　　耗　　量		
人工	综合工日	工日	140.00	0.191	0.239	0.267
材料	沟槽法兰(1.6MPa以下)	片	—	(2.000)	(2.000)	(2.000)
	减压孔板	个	—	(1.000)	(1.000)	(1.000)
	镀锌六角螺栓带螺母 2垫圈 M16×85～140	10套	15.00	0.412	0.412	0.824
	尼龙砂轮片 φ100	片	2.05	0.068	0.086	0.100
	尼龙砂轮片 φ400	片	8.55	0.026	0.038	0.045
	汽油	kg	6.77	0.050	0.050	0.080
	石棉橡胶板	kg	9.40	0.210	0.270	0.390
	其他材料费占材料费	%	—	3.000	3.000	3.000
机械	滚槽机	台班	23.32	0.020	0.030	0.030

工作内容：外观检查、切管、坡口、焊法兰、减压孔板预安装、拆除、二次安装。　　　计量单位：个

定　额　编　号				A9-1-72	A9-1-73
项　目　名　称				公称直径(mm以内)	
				100	150
基　　　价（元）				63.03	72.55
其中	人　工　费（元）			42.84	48.72
	材　料　费（元）			19.14	22.43
	机　械　费（元）			1.05	1.40
	名　　称	单位	单价（元）	消　耗　量	
人工	综合工日	工日	140.00	0.306	0.348
材料	沟槽法兰(1.6MPa以下)	片	—	(2.000)	(2.000)
	减压孔板	个	—	(1.000)	(1.000)
	镀锌六角螺栓带螺母 2垫圈 M16×85～140	10套	15.00	0.824	0.824
	尼龙砂轮片 φ100	片	2.05	0.128	0.188
	尼龙砂轮片 φ400	片	8.55	0.057	0.071
	汽油	kg	6.77	0.100	0.120
	石棉橡胶板	kg	9.40	0.510	0.810
	其他材料费占材料费	%	—	3.000	3.000
机械	滚槽机	台班	23.32	0.045	0.060

八、末端试水装置

工作内容：外观检查、切管、套丝、上零件、整体组装、一次水压试验、放水试验。　　　　计量单位：组

定　额　编　号			A9-1-74	A9-1-75
项　目　名　称			公称直径(mm以内)	
			25	32
基　　　价（元）			129.69	140.09
其中	人　工　费（元）		72.10	78.82
	材　料　费（元）		56.38	59.37
	机　械　费（元）		1.21	1.90
名　　称	单位	单价（元）	消　　耗　　量	
人工　综合工日	工日	140.00	0.515	0.563
材料　球阀 DN25 1.6MPa	个	—	(2.020)	—
球阀 DN32 1.6MPa	个	—	—	(2.020)
镀锌三通 DN25	个	3.85	1.010	—
镀锌三通 DN32	个	5.73	—	1.010
接头 DN25	个	2.99	1.010	—
接头 DN32	个	3.85	—	1.010
聚四氟乙烯生料带	m	0.13	2.108	2.600
尼龙砂轮片 φ400	片	8.55	0.064	0.072
压力表 0～2.5MPa φ50(带表弯)	套	47.01	1.000	1.000
其他材料费占材料费	%	—	3.000	3.000
机械　管子切断套丝机 159mm	台班	21.31	0.057	0.089

九、集热板安装

工作内容：支架安装、整体安装固定等。

计量单位：套

定 额 编 号				A9-1-76	
项 目 名 称				集热板安装	
基 价（元）				11.57	
其中	人 工 费（元）			11.48	
	材 料 费（元）			0.09	
	机 械 费（元）			—	
名 称		单位	单价（元）	消 耗 量	
人工	综合工日	工日	140.00	0.082	
材料	不锈钢集热板	套	—	(1.000)	
	棉纱头	kg	6.00	0.015	
	其他材料费占材料费	%	—	3.000	

十、消火栓

1. 室内消火栓(明装)

工作内容：外观检查、切管、套丝、箱体及消火栓安装、附件安装、水压试验。

计量单位：套

定额编号				A9-1-77	A9-1-78	A9-1-79	A9-1-80
项 目 名 称				普通		带自救卷盘	
				公称直径(mm以内)			
				单栓65	双栓65	单栓65	双栓65
基 价（元）				63.46	80.53	75.37	95.65
其中	人 工 费（元）			59.50	75.88	71.26	91.00
	材 料 费（元）			3.68	4.18	3.83	4.18
	机 械 费（元）			0.28	0.47	0.28	0.47
名 称		单位	单价（元）	消 耗 量			
人工	综合工日	工日	140.00	0.425	0.542	0.509	0.650
材料	室内消火栓	套	—	(1.000)	(1.000)	(1.000)	(1.000)
	扁钢	kg	3.40	0.617	0.700	0.659	0.700
	聚四氟乙烯生料带	m	0.13	1.680	2.240	1.680	2.240
	尼龙砂轮片 φ400	片	8.55	0.027	0.042	0.027	0.042
	膨胀螺栓 M8	10套	2.50	0.412	0.412	0.412	0.412
	其他材料费占材料费	%	—	3.000	3.000	3.000	3.000
机械	管子切断套丝机 159mm	台班	21.31	0.013	0.022	0.013	0.022

2.室内消火栓(暗装)

工作内容：外观检查、切管、套丝、箱体及消火栓安装、附件安装、水压试验。　　　　　　计量单位：套

定　额　编　号			A9-1-81	A9-1-82	A9-1-83	A9-1-84
项　目　名　称			普通		带自救卷盘	
			公称直径(mm以内)			
			单栓65	双栓65	单栓65	双栓65
基　　　　　价（元）			70.68	90.12	84.40	107.62
其中	人　工　费（元）		68.88	87.92	82.60	105.42
	材　料　费（元）		1.52	1.73	1.52	1.73
	机　械　费（元）		0.28	0.47	0.28	0.47
名　　称	单位	单价(元)	消　　耗　　量			
人工	综合工日	工日	140.00	0.492	0.628	0.590	0.753
材料	室内消火栓	套	—	(1.000)	(1.000)	(1.000)	(1.000)
	聚四氟乙烯生料带	m	0.13	1.680	2.240	1.680	2.240
	尼龙砂轮片 φ400	片	8.55	0.027	0.042	0.027	0.042
	膨胀螺栓 M8	10套	2.50	0.412	0.412	0.412	0.412
	其他材料费占材料费	%	—	3.000	3.000	3.000	3.000
机械	管子切断套丝机 159mm	台班	21.31	0.013	0.022	0.013	0.022

33

3. 室外地下式消火栓

工作内容：砌支墩、外观检查、管口除沥青、法兰连接、紧螺栓、消火栓安装。 计量单位：套

定 额 编 号				A9-1-85	A9-1-86	A9-1-87	A9-1-88
项 目 名 称				公称直径100(mm)		公称直径150(mm)	
				支管安装	干管安装	支管安装	干管安装
基 价（元）				159.61	245.52	178.56	264.21
其中	人 工 费（元）			54.88	57.68	63.28	66.50
	材 料 费（元）			96.33	174.83	106.88	184.70
	机 械 费（元）			8.40	13.01	8.40	13.01
名 称		单位	单价（元）	消 耗 量			
人工	综合工日	工日	140.00	0.392	0.412	0.452	0.475
材料	地下式消火栓	套	—	(1.000)	(1.000)	(1.000)	(1.000)
	消防栓底座(带弯头)	个	—	(1.000)	—	(1.000)	—
	消火栓三通	个	—	—	(1.000)	—	(1.000)
	低碳钢焊条	kg	6.84	0.221	0.290	0.221	0.290
	镀锌六角螺栓带螺母 2平垫1弹垫 M16×100以内	10套	12.00	1.648	—	1.648	—
	镀锌六角螺栓带螺母 2平垫1弹垫 M20×100以内	10套	23.00	—	1.648	—	1.648
	黑玛钢堵头 DN15	个	0.77	1.010	1.010	1.010	1.010
	卵石	t	53.40	0.286	0.286	0.286	0.286
	平焊法兰 1.0MPa DN100	片	25.65	2.000	—	—	—
	平焊法兰 1.0MPa DN150	片	51.60	—	2.000	—	—
	平焊法兰 1.6MPa DN100	片	30.77	—	—	2.000	—
	平焊法兰 1.6MPa DN150	片	56.39	—	—	—	2.000
	石棉橡胶板	kg	9.40	0.173	0.276	0.173	0.276
	现浇混凝土 C20	m³	296.56	0.011	0.027	0.011	0.027
	其他材料费占材料费	%	—	3.000	3.000	3.000	3.000
机械	电焊机(综合)	台班	118.28	0.071	0.110	0.071	0.110

4. 室外地上式消火栓

工作内容：砌支墩、外观检查、管口除沥青、法兰连接、紧螺栓、消火栓安装。　　　　　　计量单位：套

定　额　编　号			A9-1-89	A9-1-90	A9-1-91	A9-1-92
项　目　名　称			公称直径100(mm)		公称直径150(mm)	
			支管安装	干管安装	支管安装	干管安装
基　　　价（元）			187.30	207.96	291.61	312.00
其中	人　工　费（元）		71.12	82.32	97.30	108.22
	材　料　费（元）		107.78	117.24	181.30	190.77
	机　械　费（元）		8.40	8.40	13.01	13.01
名　　称	单位	单价（元）	消　耗　　量			
人工 综合工日	工日	140.00	0.508	0.588	0.695	0.773
地上式消火栓	套	—	(1.000)	(1.000)	(1.000)	(1.000)
消防栓底座(带弯头)	个	—	(1.000)	—	(1.000)	—
消火栓三通	个	—	—	(1.000)	—	(1.000)
低碳钢焊条	kg	6.84	0.221	0.221	0.290	0.290
镀锌六角螺栓带螺母 2平垫1弹垫 M16×100以内	10套	12.00	1.648	1.648	—	—
镀锌六角螺栓带螺母 2平垫1弹垫 M20×100以内	10套	23.00	—	—	1.648	1.648
黑玛钢堵头 DN15	个	0.77	1.010	1.010	1.010	1.010
卵石	t	53.40	0.286	0.286	0.286	0.286
棉纱头	kg	6.00	0.013	0.013	0.016	0.016
平焊法兰 1.6MPa DN100	片	30.77	2.000	2.000	—	—
平焊法兰 1.6MPa DN150	片	56.39	—	—	2.000	2.000
石棉橡胶板	kg	9.40	0.173	0.173	0.280	0.280
现浇混凝土 C20	m³	296.56	0.011	0.042	0.011	0.042
氧气	m³	3.63	0.103	0.103	0.172	0.172
乙炔气	kg	10.45	0.040	0.040	0.066	0.066
其他材料费占材料费	%	—	3.000	3.000	3.000	3.000
机械 电焊机(综合)	台班	118.28	0.071	0.071	0.110	0.110

35

十一、消防水泵接合器

工作内容：砌支墩、外观检查、切管、法兰连接、紧螺栓、整体安装、充水试验。　　　　计量单位：套

定　额　编　号			A9-1-93	A9-1-94	A9-1-95	A9-1-96
项　目　名　称			地下式		墙壁式	
			DN100	DN150	DN100	DN150
基　　　　价（元）			217.40	313.45	295.79	402.71
其中	人　工　费（元）		78.40	94.78	105.14	131.32
	材　料　费（元）		130.60	205.66	182.25	258.38
	机　械　费（元）		8.40	13.01	8.40	13.01
名　　称	单位	单价（元）	消　　耗　　量			
人工	综合工日	工日	140.00	0.560	0.677	0.751	0.938
材料	消防水泵接合器	套	—	(1.000)	(1.000)	(1.000)	(1.000)
	低碳钢焊条	kg	6.84	0.221	0.290	0.221	0.290
	镀锌钢管 DN25	m	11.00	0.400	0.400	0.200	0.200
	镀锌六角螺栓带螺母 2平垫1弹垫 M16×100以内	10套	12.00	1.648	—	1.648	—
	镀锌六角螺栓带螺母 2平垫1弹垫 M20×100以内	10套	23.00	—	1.648	—	1.648
	螺纹截止阀 J11T-16 DN25	个	18.00	1.010	1.010	1.010	1.010
	尼龙砂轮片 φ400	片	8.55	0.057	0.071	0.057	0.071
	膨胀螺栓 M16	10套	14.50	—	—	4.120	4.120
	平焊法兰 1.6MPa DN100	片	30.77	2.000	—	2.000	—
	平焊法兰 1.6MPa DN150	片	56.39	—	2.000	—	2.000
	石棉橡胶板	kg	9.40	0.520	0.830	0.680	1.100
	现浇混凝土 C20	m³	296.56	0.054	0.054	0.024	0.024
	其他材料费占材料费	%	—	3.000	3.000	3.000	3.000
机械	电焊机（综合）	台班	118.28	0.071	0.110	0.071	0.110

工作内容：砌支墩、外观检查、切管、法兰连接、紧螺栓、整体安装、充水试验。 计量单位：套

定 额 编 号				A9-1-97	A9-1-98
项 目 名 称				地上式	
				DN100	DN150
基 价（元）				281.31	386.41
其中	人 工 费（元）			150.36	174.72
	材 料 费（元）			122.55	198.68
	机 械 费（元）			8.40	13.01
名 称		单位	单价（元）	消 耗 量	
人工	综合工日	工日	140.00	1.074	1.248
材料	消防水泵接合器	套	—	(1.000)	(1.000)
	低碳钢焊条	kg	6.84	0.221	0.290
	镀锌钢管 DN25	m	11.00	0.200	0.200
	镀锌六角螺栓带螺母 2平垫1弹垫 M16×100以内	10套	12.00	1.648	—
	镀锌六角螺栓带螺母 2平垫1弹垫 M20×100以内	10套	23.00	—	1.648
	螺纹截止阀 J11T-16 DN25	个	18.00	1.010	1.010
	尼龙砂轮片 φ400	片	8.55	0.057	0.071
	平焊法兰 1.6MPa DN100	片	30.77	2.000	—
	平焊法兰 1.6MPa DN150	片	56.39	—	2.000
	石棉橡胶板	kg	9.40	0.680	1.100
	现浇混凝土 C20	m³	296.56	0.030	0.030
	其他材料费占材料费	%	—	3.000	3.000
机械	电焊机(综合)	台班	118.28	0.071	0.110

十二、灭火器

1.灭火器安装

工作内容：外观检查、压力表检查、灭火器及箱体搬运、就位等。 计量单位：见表

定 额 编 号				A9-1-99	A9-1-100	A9-1-101
项 目 名 称				手提式	推车式	灭火器箱
单 位				具	组	个
基 价（元）				0.61	2.14	0.74
其中	人 工 费（元）			0.56	2.10	0.70
	材 料 费（元）			0.04	0.04	0.04
	机 械 费（元）			0.01	—	—
名 称		单位	单价（元）	消 耗 量		
人工	综合工日	工日	140.00	0.004	0.015	0.005
材料	灭火器	个	—	(1.000)	—	—
	灭火器箱	个	—	—	—	(1.000)
	推车式灭火器	组	—	—	(1.000)	—
	棉纱头	kg	6.00	0.006	0.006	0.006
	其他材料费占材料费	%	—	3.000	3.000	3.000
机械	手动液压叉车	台班	6.46	0.001	—	—

十三、消防水炮

1.电控式消防水炮安装

工作内容：外观检查、切管、压槽、法兰连接、水炮安装、本体调试。

计量单位：台

定 额 编 号				A9-1-102	A9-1-103	A9-1-104
项 目 名 称				接口口径(mm以内)		
				50	80	100
基 价 （元）				76.77	104.60	126.53
其中	人 工 费 （元）			61.60	78.26	99.12
	材 料 费 （元）			13.05	24.11	25.18
	机 械 费 （元）			2.12	2.23	2.23
名 称		单位	单价(元)	消 耗 量		
人工	综合工日	工日	140.00	0.440	0.559	0.708
材料	沟槽法兰(1.6MPa以下)	片	—	(2.000)	(2.000)	(2.000)
	消防水炮	套	—	(1.000)	(1.000)	(1.000)
	镀锌六角螺栓带螺母 2平垫1弹垫 M16×100以内	10套	12.00	0.824	1.648	1.648
	尼龙砂轮片 φ400	片	8.55	0.040	0.040	0.040
	石棉橡胶板	kg	9.40	0.260	0.350	0.460
	其他材料费占材料费	%	—	3.000	3.000	3.000
机械	单速电动葫芦 2t	台班	30.65	0.050	0.050	0.050
	滚槽机	台班	23.32	0.025	0.030	0.030

工作内容：外观检查、切管、压槽、法兰连接、水炮安装、本体调试。　　　　　计量单位：台

定　额　编　号				A9-1-105
项　目　名　称				模拟末端试水装置
				50
基　　　　价（元）				56.99
其中	人　工　费（元）			42.98
	材　料　费（元）			11.89
	机　械　费（元）			2.12
名　　　称	单位	单价(元)	消　耗　　量	
人工	综合工日	工日	140.00	0.307
材料	沟槽法兰(1.6MPa以下)	片	—	(2.000)
	模拟末端试水装置	套	—	(1.000)
	镀锌六角螺栓带螺母 2平垫1弹垫 M16×100以内	10套	12.00	0.824
	尼龙砂轮片 φ400	片	8.55	0.040
	石棉橡胶板	kg	9.40	0.140
	其他材料费占材料费	%	—	3.000
机械	单速电动葫芦 2t	台班	30.65	0.050
	滚槽机	台班	23.32	0.025

第二章　气体灭火系统

说　　明

一、本章内容包括无缝钢管、气体驱动装置管道、选择阀、气体喷头、贮存装置、称重检漏装置、无管网气体灭火装置、管网系统试验等安装工程。

二、本章适用于工业和民用建筑中设置的七氟丙烷、IG541、二氧化碳灭火系统中的管道、管件、系统装置及组件等的安装。

三、定额中的无缝钢管、钢管制作、选择阀安装及系统组件试验等适用于七氟丙烷、IG541灭火系统；高压二氧化碳灭火系统执行本章定额，人工、机械乘以系数1.20。

四、定额中的无管网气体灭火装置适用于热气溶胶灭火装置、拖车式泡沫灭火器。

五、管道及管件安装定额：

1.中压加厚无缝钢管（法兰连接）定额包括管件及法兰安装，但管件、法兰数量应按设计用量另行计算，螺栓按设计用量加3%损耗计算。

2.若设计或规范要求钢管需要镀锌，其镀锌及场外运输另行计算。

六、有关说明：

1.气体灭火系统管道若采用不锈钢管、铜管时，管道及管件安装执行第八册《工业管道工程》相应项目。

2.贮存装置安装定额，包括灭火剂贮存容器和驱动瓶的安装固定支框架、系统组件（集流管，容器阀，气、液单向阀，高压软管）、安全阀等贮存装置和驱动装置的安装及氮气增压。二氧化碳贮存装置安装不需增压，执行定额时应扣除高纯氮气，其余不变。称重装置价值含在贮存装置设备价中。

3.二氧化碳称重检漏装置包括泄漏报警开关、配重及支架安装。

4.管网系统包括管道、选择阀、气液单向阀、高压软管等组件。管网系统试验工作内容包括充氮气，但氮气消耗量另行计算。

5.气体灭火系统装置调试费执行第五章相应子目。

6.本章阀门安装分压力执行第八册《工业管道工程》相应项目；阀驱动装置与泄漏报警开关的电气接线执行第六册《自动化控制仪表安装工程》相应项目。

工程量计算规则

一、管道安装按设计图示管道中心线长度，以"10m"为计量单位。不扣除阀门、管件及各种组件所占长度。

二、钢制管件连接分规格，以"10 个"为计量单位。

三、气体驱动装置管道按设计图示管道中心线长度计算，以"10m"为计量单位。

四、选择阀、喷头安装按设计图示数量计算，分规格、连接方式以"个"为计量单位。

五、贮存装置、称重捡漏装置、无管网气体灭火装置安装按设计图示数量计算，以"套"为计量单位。

六、管网系统试验按贮存装置数量，以"套"为计量单位。

一、无缝钢管

1. 中压加厚无缝钢管(螺纹连接)

工作内容：检查及清扫管材、切管、套丝、调直、管道预安装、拆卸、二次安装、吹扫、水压试验。

计量单位：10m

定　额　编　号				A9-2-1	A9-2-2	A9-2-3	A9-2-4
项　目　名　称				公称直径(mm以内)			
				15	20	25	32
基　　　　价（元）				99.37	105.48	111.20	124.77
其中	人　工　费（元）			85.12	88.90	92.68	104.02
	材　料　费（元）			13.69	13.77	15.45	16.17
	机　械　费（元）			0.56	2.81	3.07	4.58
名　　称		单位	单价（元）	消　　耗　　量			
人工	综合工日	工日	140.00	0.608	0.635	0.662	0.743
材料	加厚无缝钢管	m	—	(10.100)	(10.100)	(10.050)	(10.050)
	酒精	kg	6.40	0.020	0.020	0.020	0.020
	棉纱头	kg	6.00	0.200	0.200	0.240	0.280
	尼龙砂轮片 φ400	片	8.55	0.100	0.100	0.120	0.150
	铅油(厚漆)	kg	6.45	0.050	0.060	0.061	0.088
	水	m³	7.96	0.582	0.582	0.582	0.582
	线麻	kg	10.26	0.005	0.006	0.006	0.009
	厌氧胶 325号 200g	瓶	61.00	0.100	0.100	0.120	0.120
	其他材料费占材料费	%	—	3.000	3.000	3.000	3.000
机械	电动空气压缩机 3m³/min	台班	118.19	0.002	0.003	0.003	0.005
	管子切断套丝机 159mm	台班	21.31	0.010	0.110	0.120	0.180
	试压泵 25MPa	台班	22.26	0.005	0.005	0.007	0.007

工作内容：检查及清扫管材、切管、套丝、调直、管道预安装、拆卸、二次安装、吹扫、水压试验。

计量单位：10m

定 额 编 号			A9-2-5	A9-2-6	A9-2-7	A9-2-8
项 目 名 称			公称直径(mm以内)			
			40	50	65	80
基 价（元）			134.56	140.08	176.01	196.60
其中	人 工 费（元）		110.04	115.36	143.64	159.60
	材 料 费（元）		19.58	19.67	26.73	31.24
	机 械 费（元）		4.94	5.05	5.64	5.76
名 称	单位	单价(元)	消 耗 量			
人工 综合工日	工日	140.00	0.786	0.824	1.026	1.140
材料 加厚无缝钢管	m	—	(10.050)	(10.050)	(9.950)	(9.950)
酒精	kg	6.40	0.020	0.030	0.030	0.030
棉纱头	kg	6.00	0.280	0.300	0.380	0.420
尼龙砂轮片 φ400	片	8.55	0.260	0.240	0.360	0.400
铅油(厚漆)	kg	6.45	0.160	0.170	0.240	0.340
水	m³	7.96	0.582	0.582	0.882	0.882
线麻	kg	10.26	0.016	0.017	0.024	0.034
厌氧胶 325号 200g	瓶	61.00	0.150	0.150	0.190	0.240
其他材料费占材料费	%	—	3.000	3.000	3.000	3.000
机械 电动空气压缩机 3m³/min	台班	118.19	0.006	0.007	0.008	0.009
管子切断套丝机 159mm	台班	21.31	0.190	0.190	0.210	0.210
试压泵 25MPa	台班	22.26	0.008	0.008	0.010	0.010

2. 钢制管件(螺纹连接)

工作内容：检查及清扫管件、管件预安装、拆卸、油清洗、二次安装。　　　　　　计量单位：10个

定　额　编　号			A9-2-9	A9-2-10	A9-2-11	A9-2-12
项　目　名　称			公称直径(mm以内)			
			15	20	25	32
基　　　价（元）			123.23	141.43	175.07	220.94
其中	人　工　费（元）		81.62	99.82	125.58	170.80
	材　料　费（元）		41.61	41.61	49.49	50.14
	机　械　费（元）		—	—	—	—
名　　称	单位	单价（元）	消　　耗　　量			
人工	综合工日	工日	140.00	0.583	0.713	0.897	1.220
材料	钢制管件	个	—	(10.100)	(10.100)	(10.100)	(10.100)
	酒精	kg	6.40	0.100	0.100	0.100	0.120
	棉纱头	kg	6.00	0.300	0.300	0.300	0.350
	汽油	kg	6.77	0.200	0.200	0.250	0.280
	厌氧胶 325号 200g	瓶	61.00	0.600	0.600	0.720	0.720
	其他材料费占材料费	%	—	3.000	3.000	3.000	3.000

工作内容：检查及清扫管件、管件预安装、拆卸、油清洗、二次安装。　　　　　　　　计量单位：10个

定　额　编　号				A9-2-13	A9-2-14	A9-2-15	A9-2-16
项　目　名　称				公称直径(mm以内)			
				40	50	65	80
基　　　价（元）				258.01	294.78	343.03	379.42
其中	人　工　费（元）			196.56	232.12	263.06	281.26
	材　料　费（元）			61.45	62.66	79.97	98.16
	机　械　费（元）			—	—	—	—
名　　称		单位	单价(元)	消　　耗　　量			
人工	综合工日	工日	140.00	1.404	1.658	1.879	2.009
材料	钢制管件	个	—	(10.100)	(10.100)	(10.100)	(10.100)
	酒精	kg	6.40	0.120	0.150	0.150	0.200
	棉纱头	kg	6.00	0.350	0.400	0.400	0.500
	汽油	kg	6.77	0.370	0.470	0.520	0.650
	厌氧胶 325号 200g	瓶	61.00	0.890	0.890	1.160	1.420
	其他材料费占材料费	%	—	3.000	3.000	3.000	3.000

3.中压加厚无缝钢管(法兰连接)

工作内容:检查及清扫管件、切管、坡口、对口、调直、焊接法兰、管件预安装、拆卸、二次安装、吹
扫、水压试验。

计量单位:10m

定 额 编 号				A9-2-17	A9-2-18	A9-2-19
项 目 名 称				公称直径(mm以内)		
				100	125	150
基 价(元)				1093.72	1196.06	1282.53
其中	人 工 费(元)			634.34	678.16	721.28
	材 料 费(元)			108.31	155.43	189.98
	机 械 费(元)			351.07	362.47	371.27
名 称		单位	单价(元)	消 耗 量		
人工	综合工日	工日	140.00	4.531	4.844	5.152
材料	加厚无缝钢管	m	—	(10.000)	(10.000)	(10.000)
	低碳钢焊条	kg	6.84	6.560	9.540	12.520
	电	kW·h	0.68	3.380	3.560	4.560
	棉纱头	kg	6.00	0.410	0.420	0.420
	尼龙砂轮片 φ400	片	8.55	1.860	2.130	2.390
	热轧薄钢板 δ3.5~4.0	kg	3.93	0.490	1.476	2.324
	石棉橡胶板	kg	9.40	1.368	1.587	1.932
	水	m³	7.96	0.882	2.524	2.524
	氧气	m³	3.63	2.305	2.805	3.282
	乙炔气	m³	11.48	0.823	1.002	1.172
	其他材料费占材料费	%	—	3.000	3.000	3.000
机械	电动空气压缩机 3m³/min	台班	118.19	0.010	0.010	0.015
	电动空气压缩机 40m³/min	台班	705.29	0.100	0.100	0.100
	电焊机(综合)	台班	118.28	2.360	2.430	2.490
	试压泵 25MPa	台班	22.26	0.010	0.150	0.200

49

二、气体驱动装置管道

工作内容：外观检查、切管、煨管、安装、固定、调整等。　　　　　　　　　　　　　计量单位：10m

定　额　编　号				A9-2-20	A9-2-21
项　目　名　称				管外径(mm以内)	
				10	14
基　　　价（元）				108.52	126.94
其中	人　工　费（元）			83.16	99.82
	材　料　费（元）			23.70	25.46
	机　械　费（元）			1.66	1.66
名　　称		单位	单价（元）	消　　耗　　量	
人工	综合工日	工日	140.00	0.594	0.713
材料	紫铜管	m	—	(10.300)	(10.300)
	开孔器 20	个	10.60	0.020	0.020
	棉纱头	kg	6.00	0.050	0.050
	铜管卡及螺栓	套	1.28	15.000	15.000
	铜锁母 10号	个	1.17	2.821	—
	铜锁母 14号	个	1.54	—	3.250
	其他材料费占材料费	%	—	3.000	3.000
机械	管子切断机 60mm	台班	16.63	0.100	0.100

三、选择阀

1. 选择阀(螺纹连接)

工作内容：外观检查、管口套丝、活接头及阀门安装等。　　　　　　　计量单位：个

定 额 编 号			A9-2-22	A9-2-23	A9-2-24
项 目 名 称			公称直径(mm以内)		
			25	32	40
基 价 (元)			30.43	32.15	44.54
其中	人 工 费 (元)		21.14	22.40	33.32
	材 料 费 (元)		8.50	8.60	9.98
	机 械 费 (元)		0.79	1.15	1.24
名 称	单位	单价(元)	消 耗 量		
人工 综合工日	工日	140.00	0.151	0.160	0.238
材料 钢制活接头 DN25	个	—	(1.010)	—	—
钢制活接头 DN32	个	—	—	(1.010)	—
钢制活接头 DN40	个	—	—	—	(1.010)
选择阀	个	—	(1.000)	(1.000)	(1.000)
铝牌	个	0.85	1.000	1.000	1.000
棉纱头	kg	6.00	0.045	0.053	0.053
尼龙砂轮片 φ400	片	8.55	0.019	0.022	0.025
汽油	kg	6.77	0.038	0.042	0.056
厌氧胶 325号 200g	瓶	61.00	0.110	0.110	0.130
其他材料费占材料费	%	—	3.000	3.000	3.000
机械 管子切断套丝机 159mm	台班	21.31	0.037	0.054	0.058

工作内容：外观检查、管口套丝、活接头及阀门安装等。 计量单位：个

定 额 编 号			A9-2-25	A9-2-26	A9-2-27
项 目 名 称			公称直径(mm以内)		
			50	65	80
基 价（元）			49.22	59.00	73.85
其中	人 工 费（元）		37.80	44.80	56.84
	材 料 费（元）		10.18	12.88	15.69
	机 械 费（元）		1.24	1.32	1.32
名 称	单位	单价(元)	消 耗 量		
人工 综合工日	工日	140.00	0.270	0.320	0.406
材料 钢制活接头 DN50	个	—	(1.010)	—	—
钢制活接头 DN70	个	—	—	(1.010)	—
钢制活接头 DN80	个	—	—	—	(1.010)
选择阀	个	—	(1.000)	(1.000)	(1.000)
铝牌	个	0.85	1.000	1.000	1.000
棉纱头	kg	6.00	0.060	0.060	0.075
尼龙砂轮片 φ400	片	8.55	0.031	0.046	0.054
汽油	kg	6.77	0.071	0.078	0.098
厌氧胶 325号 200g	瓶	61.00	0.130	0.170	0.210
其他材料费占材料费	%	—	3.000	3.000	3.000
机械 管子切断套丝机 159mm	台班	21.31	0.058	0.062	0.062

2.选择阀(法兰连接)

工作内容:外观检查、切管、坡口、对口、法兰及阀门安装。　　　　　计量单位:个

定　额　编　号				A9-2-28
项　目　名　称				公称直径(mm以内)
				100
基　　　价（元）				157.68
其中	人　工　费（元）			99.12
	材　料　费（元）			32.87
	机　械　费（元）			25.69
	名　　　称	单位	单价(元)	消　耗　量
人工	综合工日	工日	140.00	0.708
材料	选择阀	个	—	(1.000)
	中压法兰 DN100	片	—	(2.000)
	低碳钢焊条	kg	6.84	0.286
	镀锌六角螺栓带螺母 2平垫1弹垫 M16×100以内	10套	12.00	1.648
	金刚石砂轮片 φ400	片	12.82	0.019
	铝牌	个	0.85	1.000
	棉纱头	kg	6.00	0.045
	石棉橡胶板	kg	9.40	0.346
	氧气	m³	3.63	0.720
	乙炔气	m³	11.48	0.257
	其他材料费占材料费	%	—	3.000
机械	电焊机(综合)	台班	118.28	0.071
	普通车床 630×2000mm	台班	247.10	0.070

四、气体喷头

工作内容：外观检查、管口套丝、管件安装、丝堵拆装、喷头追位及安装、装饰盘安装、喷头外观清洁。

计量单位：个

定 额 编 号				A9-2-29	A9-2-30	A9-2-31
项 目 名 称				公称直径(mm以内)		
				15	20	25
基 价（元）				27.07	28.82	32.17
其中	人 工 费（元）			15.12	16.66	19.04
	材 料 费（元）			4.24	4.40	5.29
	机 械 费（元）			7.71	7.76	7.84
名 称		单位	单价（元）	消 耗		量
人工	综合工日	工日	140.00	0.108	0.119	0.136
材料	钢制管件	个	—	(2.020)	(2.020)	(2.020)
	气体喷头	个	—	(1.010)	(1.010)	(1.010)
	装饰盘	个	—	(1.010)	(1.010)	(1.010)
	钢制丝堵 DN15	个	0.32	0.200	—	—
	钢制丝堵 DN20	个	0.94	—	0.200	—
	钢制丝堵 DN25	个	1.32	—	—	0.200
	金刚石砂轮片 φ400	片	12.82	0.010	0.012	0.016
	酒精	kg	6.40	0.010	0.010	0.010
	聚四氟乙烯生料带	m	0.13	0.138	0.170	0.214
	棉纱头	kg	6.00	0.030	0.030	0.030
	厌氧胶 325号 200g	瓶	61.00	0.060	0.060	0.072
	其他材料费占材料费	%	—	3.000	3.000	3.000
机械	电动空气压缩机 40m³/min	台班	705.29	0.010	0.010	0.010
	管子切断套丝机 159mm	台班	21.31	0.031	0.033	0.037

工作内容：外观检查、管口套丝、管件安装、丝堵拆装、喷头追位及安装、装饰盘安装、喷头外观清洁。

计量单位：个

定　额　编　号			A9-2-32	A9-2-33	A9-2-34
项　目　名　称			公称直径(mm以内)		
			32	40	50
基　　　价（元）			34.60	36.61	38.85
其中	人　工　费（元）		21.14	22.68	23.94
	材　料　费（元）		5.60	6.05	7.00
	机　械　费（元）		7.86	7.88	7.91
名　　　称		单位	单价（元）	消　　耗　　量		
人工	综合工日	工日	140.00	0.151	0.162	0.171
材料	钢制管件	个	—	(2.020)	(2.020)	(2.020)
	气体喷头	个	—	(1.010)	(1.010)	(1.010)
	装饰盘	个	—	(1.010)	(1.010)	(1.010)
	钢制丝堵 DN32	个	1.79	0.200	—	—
	钢制丝堵 DN40	个	2.39	—	0.200	—
	钢制丝堵 DN50	个	5.30	—	—	0.200
	金刚石砂轮片 φ400	片	12.82	0.018	0.019	0.021
	酒精	kg	6.40	0.010	0.010	0.010
	聚四氟乙烯生料带	m	0.13	0.235	0.250	0.260
	棉纱头	kg	6.00	0.030	0.030	0.030
	厌氧胶 325号 200g	瓶	61.00	0.075	0.080	0.085
	其他材料费占材料费	%	—	3.000	3.000	3.000
机械	电动空气压缩机 40m³/min	台班	705.29	0.010	0.010	0.010
	管子切断套丝机 159mm	台班	21.31	0.038	0.039	0.040

五、贮存装置

工作内容：外观检查、称重、支框架安装、系统组件安装、阀驱动装置、高压软管安装、氮气增压等。

计量单位：套

定　额　编　号				A9-2-35	A9-2-36	A9-2-37
项　目　名　称				贮存容器		
				容积(L以内)		
				40	70	90
基　　　　　价（元）				1076.89	1420.18	1680.16
其中	人　工　费（元）			380.38	546.70	629.72
	材　料　费（元）			129.05	164.96	200.86
	机　械　费（元）			567.46	708.52	849.58
名　　称		单位	单价（元）	消　　耗　　量		
人工	综合工日	工日	140.00	2.717	3.905	4.498
材料	气体贮存装置	套	—	(1.000)	(1.000)	(1.000)
	标志牌	个	1.37	1.000	1.000	1.000
	镀锌六角螺栓带螺母 2平垫1弹垫 M16×100以内	10套	12.00	0.206	0.206	0.206
	高纯氮气 40L	瓶	69.72	1.000	1.500	2.000
	减压阀 100	个	1367.52	0.020	0.020	0.020
	膨胀螺栓 M12	10套	7.30	0.412	0.412	0.412
	台秤	个	486.00	0.010	0.010	0.010
	压力表(带弯带阀) 25MPa YBS-WS	套	46.85	0.040	0.040	0.040
	厌氧胶 325号 200g	瓶	61.00	0.240	0.240	0.240
	其他材料费占材料费	%	—	3.000	3.000	3.000
机械	电动空气压缩机 40m³/min	台班	705.29	0.800	1.000	1.200
	手动液压叉车	台班	6.46	0.500	0.500	0.500

工作内容：外观检查、称重、支框架安装、系统组件安装、阀驱动装置、高压软管安装、氮气增压等。

计量单位：套

定　额　编　号				A9-2-38	A9-2-39	A9-2-40
项　目　名　称				贮存容器		阀驱动装置
				容积(L以内)		
				155	270	4
基　　　价（元）				2314.66	3205.30	610.49
其中	人　工　费（元）			970.76	1552.88	187.46
	材　料　费（元）			282.73	379.67	70.38
	机　械　费（元）			1061.17	1272.75	352.65
名　　称		单位	单价(元)	消　　耗　　量		
人工	综合工日	工日	140.00	6.934	11.092	1.339
材料	气体贮存装置	套	—	(1.000)	(1.000)	(1.000)
	标志牌	个	1.37	1.000	1.000	1.000
	镀锌六角螺栓带螺母 2平垫1弹垫 M16×100以内	10套	12.00	0.206	0.206	0.206
	高纯氮气 40L	瓶	69.72	3.000	4.000	0.250
	减压阀 100	个	1367.52	0.020	0.020	0.020
	膨胀螺栓 M12	10套	7.30	0.412	0.412	0.412
	台秤	个	486.00	0.010	0.010	0.010
	压力表(带弯带阀) 25MPa YBS-WS	套	46.85	0.040	0.040	0.040
	厌氧胶 325号 200g	瓶	61.00	0.400	0.800	0.160
	其他材料费占材料费	%	—	3.000	3.000	3.310
机械	电动空气压缩机 40m³/min	台班	705.29	1.500	1.800	0.500
	手动液压叉车	台班	6.46	0.500	0.500	—

六、称重检漏装置

工作内容：开箱检查、组合装配、安装、固定、试动调整。　　　　　　　　　　计量单位：套

定　额　编　号					A9-2-41	
项　目　名　称					二氧化碳称重检测装置	
基　　　价（元）					143.42	
其中	人　工　费（元）				139.86	
	材　料　费（元）				3.56	
	机　械　费（元）				—	
名　　称		单位	单价（元）	消　耗　量		
人工	综合工日	工日	140.00	0.999		
材料	半圆头镀锌螺栓 M6～12×22～80	10个	1.50	0.412		
	标志牌	个	1.37	1.000		
	镀锌六角螺栓带螺母 2平垫1弹垫 M10×50以内	10套	3.57	0.412		
	其他材料费占材料费	%	—	3.000		

七、无管网气体灭火装置

工作内容：外观检查、气体瓶柜安装、系统组件安装、阀驱动装置安装。　　　　　计量单位：套

定　额　编　号				A9-2-42	A9-2-43	A9-2-44
项　目　名　称				贮存容器容积(L以内)		
				40	70	90
基　　　价（元）				177.02	365.03	538.91
其中	人　工　费（元）			157.22	340.20	514.08
	材　料　费（元）			16.57	21.60	21.60
	机　械　费（元）			3.23	3.23	3.23
名　　　称		单位	单价（元）	消　　耗　　量		
人工	综合工日	工日	140.00	1.123	2.430	3.672
材料	无管网气体灭火装置	套	—	(1.000)	(1.000)	(1.000)
	镀锌六角螺栓带螺母 2平垫1弹垫 M16×100以内	10套	12.00	0.206	0.206	0.206
	铝牌	个	0.85	1.000	1.000	1.000
	膨胀螺栓 M12	10套	7.30	0.412	0.412	0.412
	厌氧胶 325号 200g	瓶	61.00	0.160	0.240	0.240
	其他材料费占材料费	%	—	3.000	3.000	3.000
机械	手动液压叉车	台班	6.46	0.500	0.500	0.500

工作内容：外观检查、气体瓶柜安装、系统组件安装、阀驱动装置安装。

计量单位：套

定 额 编 号				A9-2-45	A9-2-46
项 目 名 称				贮存容器容积(L以内)	
				150	240
基 价（元）				591.83	979.88
其中	人 工 费（元）			567.00	945.00
	材 料 费（元）			21.60	31.65
	机 械 费（元）			3.23	3.23
名 称		单位	单价（元）	消 耗 量	
人工	综合工日	工日	140.00	4.050	6.750
材料	无管网气体灭火装置	套	—	(1.000)	(1.000)
	镀锌六角螺栓带螺母 2平垫1弹垫 M16×100以内	10套	12.00	0.206	0.206
	铝牌	个	0.85	1.000	1.000
	膨胀螺栓 M12	10套	7.30	0.412	0.412
	厌氧胶 325号 200g	瓶	61.00	0.240	0.400
	其他材料费占材料费	%	—	3.000	3.000
机械	手动液压叉车	台班	6.46	0.500	0.500

八、管网系统试验

工作内容：准备工具和材料、安装拆除临时管线、充氮气、停压检查、泄压、清理及烘干、封口。

计量单位：套

定　额　编　号				A9-2-47
项　目　名　称				气压试验
基　　价（元）				54.41
其中	人　工　费（元）			16.66
	材　料　费（元）			34.20
	机　械　费（元）			3.55
名　　称		单位	单价（元）	消　耗　量
人工	综合工日	工日	140.00	0.119
材料	低碳钢焊条	kg	6.84	0.165
	镀锌六角螺栓带螺母 2平垫1弹垫 M10×50以内	10套	3.57	0.250
	减压阀 100	个	1367.52	0.020
	热轧厚钢板 δ20	kg	3.20	0.200
	塑料布	m²	1.97	0.120
	无缝钢管 φ22×2.5	m	3.42	0.010
	压力表(带弯带阀) 25MPa YBS-WS	套	46.85	0.040
	氧气	m³	3.63	0.141
	乙炔气	m³	11.48	0.047
	其他材料费占材料费	%	—	3.000
机械	电焊机(综合)	台班	118.28	0.030

第三章 泡沫灭火系统

说　　明

一、本章内容包括泡沫发生器、泡沫比例混合器等安装工程。

二、有关说明：

1. 本章定额适用于中、高、低倍数固定式或半固定式泡沫灭火系统的发生器及泡沫比例混合器安装。

2. 泡沫发生器及泡沫比例混合器安装中包括整体安装、焊法兰、单体调试及配合管道试压时隔离本体所消耗的人工和材料。

3. 本章设备安装工作内容不包括支架的制作、安装和二次灌浆，上述工作另行计算。

4. 泡沫灭火系统的管道、管件、法兰、阀门、管道支架等的安装及管道系统试压及冲（吹）洗，执行第八册《工业管道工程》相应项目。

5. 泡沫发生器、泡沫比例混合器安装定额中不包括泡沫液充装，泡沫液充装另行计算。

6. 泡沫灭火系统的调试另行计算。

工程量计算规则

泡沫发生器、泡沫比例混合器安装按设计图示数量计算，均按不同型号以"台"为计量单位，法兰和螺栓根据设计图纸要求另行计算。

一、泡沫发生器

工作内容：开箱检查、整体吊装、安装固定、法兰连接、紧螺栓、调试。　　　　　　　计量单位：台

定 额 编 号			A9-3-1	A9-3-2	A9-3-3
项 目 名 称			水轮机式		
			型号		
			PFS3	PF4PFS4	PFS10
基 价（元）			188.24	210.10	593.02
其中	人 工 费（元）		148.82	170.38	378.00
	材 料 费（元）		25.78	26.08	82.45
	机 械 费（元）		13.64	13.64	132.57
名 称	单位	单价（元）	消 耗 量		
人工	综合工日	工日	140.00	1.063	1.217	2.700
材料	泡沫发生器	台	—	(1.000)	(1.000)	(1.000)
	平焊法兰	片	—	(1.000)	(1.000)	(1.000)
	低碳钢焊条	kg	6.84	0.221	0.221	0.720
	镀锌六角螺栓带螺母 2平垫1弹垫 M16×150以内	10套	20.00	0.824	0.824	0.824
	钢板垫板	kg	5.13	—	—	9.440
	盲板	kg	6.07	0.361	0.361	0.361
	棉纱头	kg	6.00	0.050	0.100	0.300
	尼龙砂轮片 φ100	片	2.05	0.066	0.066	0.066
	石棉橡胶板	kg	9.40	0.340	0.340	0.340
	氧气	m³	3.63	0.150	0.150	0.360
	乙炔气	m³	11.48	0.058	0.058	0.138
	其他材料费占材料费	%	—	3.000	3.000	3.000
机械	电动单筒慢速卷扬机 30kN	台班	210.22			0.250
	电焊机(综合)	台班	118.28	0.088	0.088	0.338
	手动液压叉车	台班	6.46	0.500	0.500	0.500
	载重汽车 4t	台班	408.97			0.090

67

工作内容：开箱检查、整体吊装、安装固定、法兰连接、紧螺栓、调试。　　　　　　　　　计量单位：台

定 额 编 号				A9-3-4	A9-3-5
项 目 名 称				电动机式	
				型号	
				PF20	BGP-200
基　　　　　价（元）				987.24	260.98
其中	人 工 费（元）			686.98	220.64
	材 料 费（元）			112.23	26.70
	机 械 费（元）			188.03	13.64
名 称		单位	单价（元）	消　耗　量	
人工	综合工日	工日	140.00	4.907	1.576
材料	泡沫发生器	台	—	(1.000)	(1.000)
	平焊法兰	片	—	(1.000)	(1.000)
	低碳钢焊条	kg	6.84	1.160	0.221
	镀锌六角螺栓带螺母 2平垫1弹垫 M16×150以内	10套	20.00	0.824	0.824
	钢板垫板	kg	5.13	14.160	—
	盲板	kg	6.07	0.361	0.361
	棉纱头	kg	6.00	0.500	0.200
	尼龙砂轮片 φ100	片	2.05	0.066	0.066
	石棉橡胶板	kg	9.40	0.340	0.340
	氧气	m³	3.63	0.420	0.150
	乙炔气	m³	11.48	0.162	0.058
	其他材料费占材料费	%	—	3.000	3.000
机械	电动单筒慢速卷扬机 30kN	台班	210.22	0.370	—
	电焊机(综合)	台班	118.28	0.559	0.088
	手动液压叉车	台班	6.46	0.500	0.500
	载重汽车 4t	台班	408.97	0.100	—

二、泡沫比例混合器

1.压力储罐式泡沫比例混合器

工作内容：开箱检查、整体吊装、找平、找正、安装固定、法兰连接、调试。　　　　　　计量单位：台

定　额　编　号				A9-3-6	A9-3-7	A9-3-8	A9-3-9
项　目　名　称				型号			
				PHY32/30	PHY48/55	PHY64/76	PHY72/110
基　　　　价（元）				1208.18	1474.76	1744.66	2148.65
其中	人　工　费（元）			778.40	955.22	1124.76	1351.14
	材　料　费（元）			225.36	271.27	364.54	470.62
	机　械　费（元）			204.42	248.27	255.36	326.89
名　　　　称		单位	单价（元）	消　　耗　　量			
人工	综合工日	工日	140.00	5.560	6.823	8.034	9.651
材料	比例混合器	台	—	(1.000)	(1.000)	(1.000)	(1.000)
	平焊法兰	片	—	(2.000)	(2.000)	(2.000)	(2.000)
	道木	m³	2137.00	0.040	0.050	0.070	0.100
	低碳钢焊条	kg	6.84	1.158	1.554	1.672	2.334
	镀锌六角螺栓带螺母 2平垫1弹垫 M16×150以内	10套	20.00	1.648	1.648	1.648	1.648
	钢板垫板	kg	5.13	11.800	14.160	20.640	23.880
	盲板	kg	6.07	0.361	0.612	0.612	0.875
	棉纱头	kg	6.00	0.080	0.120	0.120	0.120
	尼龙砂轮片 φ100	片	2.05	11.800	14.160	20.640	23.880
	石棉橡胶板	kg	9.40	0.132	0.194	0.194	0.328
	氧气	m³	3.63	0.472	0.622	0.682	1.705
	乙炔气	m³	11.48	0.182	0.239	0.262	0.656
	其他材料费占材料费	%	—	3.000	3.000	3.000	3.000
机械	电动双筒快速卷扬机 30kN	台班	263.15	0.370	0.480	0.480	0.670
	电焊机(综合)	台班	118.28	0.532	0.658	0.718	0.900
	手动液压叉车	台班	6.46	0.500	0.500	0.500	0.500
	载重汽车 4t	台班	408.97	0.100	0.100	0.100	0.100

2. 平衡压力式泡沫比例混合器

工作内容：开箱检查、整体吊装、找平、找正、安装固定、法兰连接、调试。　　　　计量单位：台

定　额　编　号			A9-3-10	A9-3-11	A9-3-12
项　目　名　称			型号		
			PHP20	PHP40	PHP80
基　　　价（元）			331.07	398.92	628.01
其中	人　工　费（元）		200.62	242.90	327.74
	材　料　费（元）		67.53	78.19	89.03
	机　械　费（元）		62.92	77.83	211.24
名　　称	单位	单价（元）	消　　耗　　量		
人工	综合工日	工日	140.00	1.433	1.735	2.341
材料	比例混合器	台	—	(1.000)	(1.000)	(1.000)
	平焊法兰	片	—	(3.000)	(3.000)	(3.000)
	低碳钢焊条	kg	6.84	0.445	0.884	1.441
	镀锌六角螺栓带螺母 2平垫1弹垫 M16×150以内	10套	20.00	2.472	2.472	2.472
	钢板垫板	kg	5.13	—	—	0.175
	盲板	kg	6.07	0.361	0.612	0.875
	棉纱头	kg	6.00	0.150	0.150	0.200
	尼龙砂轮片 φ100	片	2.05	0.183	0.275	0.425
	石棉橡胶板	kg	9.40	0.725	1.150	1.379
	氧气	m³	3.63	0.348	0.551	0.733
	乙炔气	m³	11.48	0.134	0.212	0.282
	其他材料费占材料费	%	—	3.000	3.000	3.000
机械	电动双筒快速卷扬机 30kN	台班	263.15	—	—	0.480
	电焊机(综合)	台班	118.28	0.532	0.658	0.718

3.环泵负压式泡沫比例混合器

工作内容：开箱检查、找平、找正、安装固定、法兰连接、调试。　　　　　　　　　　　　　　计量单位：台

定 额 编 号			A9-3-13	A9-3-14	A9-3-15
项 目 名 称			型号		
			PH32	PH48	PH64
基 价（元）			232.98	266.16	284.53
其中	人 工 费（元）		104.86	120.12	127.96
	材 料 费（元）		65.20	68.21	71.64
	机 械 费（元）		62.92	77.83	84.93
名 称	单位	单价（元）	消 耗 量		
人工	综合工日	工日	140.00	0.749	0.858	0.914
材料	比例混合器	台	—	(1.000)	(1.000)	(1.000)
	平焊法兰	片	—	(3.000)	(3.000)	(3.000)
	低碳钢焊条	kg	6.84	0.259	0.316	0.331
	镀锌六角螺栓带螺母 2平垫1弹垫 M16×150以内	10套	20.00	2.472	2.472	2.472
	盲板	kg	6.07	0.253	0.297	0.361
	棉纱头	kg	6.00	0.100	0.100	0.150
	尼龙砂轮片 φ100	片	2.05	0.113	0.137	0.183
	尼龙砂轮片 φ400	片	8.55	0.500	0.500	0.500
	石棉橡胶板	kg	9.40	0.442	0.662	0.823
	氧气	m³	3.63	0.161	0.179	0.295
	乙炔气	m³	11.48	0.062	0.069	0.113
	其他材料费占材料费	%	—	3.000	3.000	3.000
机械	电焊机(综合)	台班	118.28	0.532	0.658	0.718

4. 管线式负压泡沫比例混合器

工作内容：开箱检查、找平、找正、安装固定、调试。 计量单位：台

定 额 编 号					A9-3-16
项 目 名 称					型号
					PHF
基 价（元）					49.02
其中	人 工 费（元）				41.02
	材 料 费（元）				8.00
	机 械 费（元）				—
名 称		单位	单价(元)	消 耗 量	
人工	综合工日	工日	140.00	0.293	
材料	比例混合器	台	—	(1.000)	
	钢板垫板	kg	5.13	1.320	
	棉纱头	kg	6.00	0.100	
	氧气	m³	3.63	0.050	
	乙炔气	m³	11.48	0.019	
	其他材料费占材料费	%	—	3.000	

第四章 火灾自动报警系统

说　明

一、本章内容包括点型探测器、线型探测器、按钮、消防警铃/声光报警器、空气采样型探测器、消防报警电话插孔（电话）、消防广播（扬声器）、消防专用模块（模块箱）、区域报警控制器、联动控制箱、远程控制箱（柜）、火灾报警系统控制主机、联动控制主机、消防广播及电话主机（柜）、火灾报警控制微机、备用电源及电池主机柜、报警联动控制一体机的安装工程。

二、本章适用于工业和民用建（构）筑物设置的火灾自动报警系统的安装。

三、本章均包括以下工作内容：

1. 设备和箱、机及元件的搬运，开箱检查，清点，杂物回收，安装就位，接地，密封，箱、机内的校线、接线、压接端头（挂锡）、编码，测试、清洗，记录整理等。

2. 本体调试。

四、有关说明：

1. 安装定额中箱、机是以成套装置编制的；柜式及琴台式均执行落地式安装相应项目。

2. 闪灯执行声光报警器。

3. 电气火灾监控、消防电源监控及防火门监控系统：

（1）控制器按点数执行火灾自动报警控制器安装。

（2）探测器模块按输入回路数量执行多输入模块安装。

（3）互感器执行相关电气安装定额。

（4）温度传感器执行线性探测器安装定额，人工乘以系数2.0。

4. 本章不包括事故照明及疏散指示控制装置、防火门监控系统门磁开关及电动闭门器安装内容，分别执行第四册《电气设备安装工程》和第五册《建筑智能化工程》相应项目。

5. 火灾报警控制微机安装中不包括消防系统应用软件开发内容。

工程量计算规则

一、火灾报警系统按设计图示数量计算。

二、点型探测器按设计图示数量计算，不分规格、型号、安装方式与位置，以"个"、"对"为计量单位。探测器安装包括了探头和底座的安装及本体调试。红外光束探测器是成对使用的，在计算时一对为两只。

三、线型探测器依据探测器长度、信号转换装置数量、报警终端电阻数量按设计图示数量计算，分别以"m"、"台"、"个"为计量单位。

四.空气采样管依据图示设计长度计算，以"m"为计量单位；极早期空气采样报警器依据探测回路数按设计图示计算，以"台"为计量单位。

五、区域报警控制器、联动控制箱、火灾报警系统控制主机、联动控制主机、报警联动一体机按设计图示数量计算，区分不同点数、安装方式，以"台"为计量单位。

一、点型探测器安装

工作内容：底座安装、校线、接头、压接冷压端头、底座压线、编码、探头安装、测试、防护罩安拆等。

计量单位：个

定　额　编　号				A9-4-1	A9-4-2
项　目　名　称				感烟	感温
基　　　价（元）				22.37	22.37
其中	人　工　费（元）			20.58	20.58
	材　料　费（元）			1.63	1.63
	机　械　费（元）			0.16	0.16
名　　　称		单位	单价（元）	消　　耗　　量	
人工	综合工日	工日	140.00	0.147	0.147
材料	感温探测器	个	—	—	(1.000)
	感烟探测器	个	—	(1.000)	—
	镀锌螺钉 M2～5×4～50	个	0.03	2.040	2.040
	铜接线卡 1.0～2.5	个	0.62	2.030	2.030
	阻燃铜芯塑料绝缘绞型电线 ZR-RVS 2×1.5mm^2	m	1.71	0.153	0.153
	其他材料费占材料费	%	—	3.000	3.000
机械	火灾探测器试验器	台班	3.94	0.030	0.030
	手持式万用表	台班	4.07	0.010	0.010

工作内容：底座安装、校线、接头、压接冷压端头、底座压线、编码、探头安装、测试、防护罩安拆等。

计量单位：对

定　额　编　号			A9-4-3	
项　目　名　称			红外光束	
基　　　价（元）			176.37	
其中	人　工　费（元）		163.94	
	材　料　费（元）		9.63	
	机　械　费（元）		2.80	
	名　　　称	单位	单价（元）	消　耗　量
人工	综合工日	工日	140.00	1.171
材料	红外光束探测器	对	—	(1.000)
	镀铬钢板 δ2.5	m²	157.69	0.021
	镀铬钢管 D10	m	3.59	0.412
	镀锌螺钉 M2～5×4～50	个	0.03	4.080
	铜接线卡 1.0～2.5	个	0.62	4.060
	阻燃铜芯塑料绝缘绞型电线 ZR-RVS 2×1.5mm²	m	1.71	1.120
	其他材料费占材料费	%	—	3.000
机械	火灾探测器试验器	台班	3.94	0.700
	手持式万用表	台班	4.07	0.010

78

工作内容：底座安装、校线、接头、压接冷压端头、底座压线、编码、探头安装、测试、防护罩安拆等。

计量单位：个

定　额　编　号			A9-4-4	A9-4-5
项　目　名　称			火焰	可燃气体
基　　　价（元）			75.02	27.80
其中	人　工　费（元）		68.32	20.58
	材　料　费（元）		6.30	7.18
	机　械　费（元）		0.40	0.04
名　　　称	单位	单价（元）	消　耗　　量	
人工 综合工日	工日	140.00	0.488	0.147
材料 火焰探测器	个	—	(1.000)	—
可燃气体探测器	个	—	—	(1.000)
丙烷	kg	5.39	—	1.000
镀铬钢板 δ2.5	m²	157.69	0.010	—
镀铬钢管 D10	m	3.59	0.824	—
镀锌螺钉 M2～5×4～50	个	0.03	2.040	2.040
铜接线卡 1.0～2.5	个	0.62	2.030	2.030
阻燃铜芯塑料绝缘绞型电线 ZR-RVS 2×1.5mm²	m	1.71	0.153	0.153
其他材料费占材料费	%	—	3.000	3.000
机械 火灾探测器试验器	台班	3.94	0.090	—
手持式万用表	台班	4.07	0.010	0.010

二、线型探测器安装

工作内容：安装、校线、接头、压接冷压端头、线型探测器敷设、编码、测试等。 计量单位：m

定　额　编　号				A9-4-6
项　目　名　称				线型探测器
基　　　价（元）				13.72
其中	人　工　费（元）			12.32
	材　料　费（元）			1.36
	机　械　费（元）			0.04
名　　称		单位	单价（元）	消　耗　量
人工	综合工日	工日	140.00	0.088
材料	线型探测器	m	—	(1.320)
	标志牌	个	1.37	0.006
	尼龙扎带 L=100～150	个	0.04	1.838
	铜接线卡 1.0～2.5	个	0.62	1.575
	阻燃铜芯塑料绝缘绞型电线 ZR-RVS 2×1.5mm²	m	1.71	0.153
	其他材料费占材料费	%	—	3.000
机械	手持式万用表	台班	4.07	0.010

工作内容：安装、校线、接头、压接冷压端头、线型探测器敷设、编码、测试等。　　　　　　　　　计量单位：台

定　额　编　号				A9-4-7	
项　目　名　称				线性探测器信号转换装置	
基　　　价（元）				121.89	
其中	人　工　费（元）			117.46	
	材　料　费（元）			4.39	
	机　械　费（元）			0.04	
名　　　称		单位	单价（元）	消　　耗　　量	
人工	综合工日	工日	140.00	0.839	
材料	线性探测器信号转换装置	台	—	(1.000)	
	标志牌	个	1.37	0.006	
	木螺钉 M4.5～6×15～100	10个	1.37	2.040	
	尼龙扎带 L=100～150	个	0.04	1.838	
	塑料胀管 φ6～8	个	0.07	2.100	
	铜接线卡 1.0～2.5	个	0.62	1.575	
	阻燃铜芯塑料绝缘绞型电线 ZR-RVS 2×1.5mm²	m	1.71	0.153	
	其他材料费占材料费	%	—	3.000	
机械	手持式万用表	台班	4.07	0.010	

工作内容：安装、校线、接头、压接冷压端头、线型探测器敷设、编码、测试等。　　　　计量单位：个

定　额　编　号				A9-4-8		
项　目　名　称				报警终端电阻		
基　　　价（元）				0.88		
其中	人　工　费（元）			0.84		
	材　料　费（元）			—		
	机　械　费（元）			0.04		
名　　　称		单位	单价(元)	消　　耗　　量		
人工	综合工日	工日	140.00	0.006		
材料	报警终端电阻	个	—	(1.050)		
	其他材料费占材料费	%	—	3.000		
机械	手持式万用表	台班	4.07	0.010		

三、按钮安装

工作内容：底座安装、校线、接头、压接冷压端头、底座压线、编码、安装、测试等。　　计量单位：个

定　额　编　号			A9-4-9	A9-4-10
项　目　名　称			手动报警按钮	消火栓按钮
基　　　价（元）			39.59	49.55
其中	人　工　费（元）		35.98	44.10
	材　料　费（元）		3.57	5.41
	机　械　费（元）		0.04	0.04
名　　　称	单位	单价（元）	消　耗　　量	
人工	综合工日	工日	140.00	0.257	0.315
材料	手动报警按钮	个	—	(1.000)	—
	消火栓按钮	个	—	—	(1.000)
	镀锌螺钉 M2～5×4～50	个	0.03	2.040	2.040
	铜接线卡 1.0～2.5	个	0.62	5.075	7.105
	阻燃铜芯塑料绝缘绞型电线 ZR-RVS 2×1.5mm²	m	1.71	0.153	0.458
	其他材料费占材料费	%	—	3.000	3.000
机械	手持式万用表	台班	4.07	0.010	0.010

四、消防警铃、声光报警器安装

工作内容：底座安装、校线、接头、压接冷压端头、底座压线、编码、安装、测试等。　　计量单位：个

定　额　编　号			A9-4-11	A9-4-12
项　目　名　称			消防警铃	声光报警器
基　　　价（元）			46.63	46.81
其中	人　工　费（元）		42.98	42.98
	材　料　费（元）		3.61	3.83
	机　械　费（元）		0.04	—
名　　　称	单位	单价（元）	消　耗	量
人工	综合工日	工日	140.00	0.307	0.307
材料	声光报警器	个	—	—	(1.000)
	消防警铃	个	—	(1.000)	—
	标志牌	个	1.37	1.000	1.000
	棉纱头	kg	6.00	0.010	0.010
	木螺钉 M4.5~6×15~100	10个	1.37	0.204	0.306
	塑料异型管 φ5	m	2.39	0.053	0.053
	塑料胀管 φ6~8	个	0.07	2.100	3.150
	铜接线卡 1.0~2.5	个	0.62	2.030	2.030
	阻燃铜芯塑料绝缘绞型电线 ZR-RVS 2×1.5mm²	m	1.71	0.153	0.153
	其他材料费占材料费	%	—	3.000	3.000
机械	手持式万用表	台班	4.07	0.010	—

五、空气采样型探测器安装

工作内容：采样管制作安装。

计量单位：m

定　额　编　号				A9-4-13	
项　目　名　称				空气采样管	
基　　　　　价（元）				13.55	
其中	人　工　费（元）			10.36	
	材　料　费（元）			3.15	
	机　械　费（元）			0.04	
名　　称		单位	单价（元）	消　耗　量	
人工	综合工日	工日	140.00	0.074	
材料	空气采样管	m	—	(1.050)	
	木螺钉 M4.5～6×15～100	10个	1.37	2.040	
	塑料管卡子 20	个	0.11	1.050	
	塑料胀管 φ6～8	个	0.07	2.100	
	其他材料费占材料费	%	—	3.000	
机械	手持式万用表	台班	4.07	0.010	

工作内容：本体安装、校线、压线、接地、调试等。　　　　　　　　　　　　　　　　　计量单位：台

定　额　编　号				A9-4-14	A9-4-15	A9-4-16	A9-4-17
项　目　名　称				极早期空气采样报警器			
				2路	6路	8路	16路
基　　　　价（元）				457.20	697.90	797.81	1592.23
其中	人　工　费（元）			454.30	694.26	794.08	1588.30
	材　料　费（元）			2.74	3.48	3.57	3.77
	机　械　费（元）			0.16	0.16	0.16	0.16
名　　　称		单位	单价（元）	消　　耗　　量			
人工	综合工日	工日	140.00	3.245	4.959	5.672	11.345
材料	空气采样报警器	台	—	—	—	—	(1.000)
	标志牌	个	1.37	1.000	1.000	1.000	1.000
	尼龙扎带 L=100～150	个	0.04	—	18.000	20.000	25.000
	膨胀螺栓 M8	10套	2.50	0.412	0.412	0.412	0.412
	阻燃铜芯塑料绝缘绞型电线 ZR-RVS 2×1.5mm²	m	1.71	0.153	0.153	0.153	0.153
	其他材料费占材料费	%	—	3.000	3.000	3.000	3.000
机械	火灾探测器试验器	台班	3.94	0.030	0.030	0.030	0.030
	手持式万用表	台班	4.07	0.010	0.010	0.010	0.010

六、消防报警电话插孔(电话)安装

工作内容：校线、接头、压接冷压端头、压线、安装、测试等。　　　　　　　计量单位：个

定 额 编 号			A9-4-18	A9-4-19
项 目 名 称			电话分机	电话插孔
基 价 （元）			16.94	9.99
其中	人 工 费（元）		14.98	8.26
	材 料 费（元）		1.92	1.69
	机 械 费（元）		0.04	0.04
名 称	单位	单价(元)	消 耗 量	
人工 综合工日	工日	140.00	0.107	0.059
材料 电话插孔	个	—	—	(1.000)
电话分机	个	—	(1.000)	—
镀锌螺钉 M2～5×4～50	个	0.03	—	2.040
镀锌木螺钉 M2～5×4～50	10个	0.68	0.204	—
棉纱头	kg	6.00	0.010	0.010
塑料胀管 φ6～8	个	0.07	2.100	—
铜接线卡 1.0～2.5	个	0.62	2.030	2.030
阻燃铜芯塑料绝缘绞型电线 ZR-RVS 2×1.5mm²	m	1.71	0.153	0.153
其他材料费占材料费	%	—	3.000	3.000
机械 手持式万用表	台班	4.07	0.010	0.010

七、消防广播(扬声器)安装

工作内容：校线、接头、压接冷压端头、安装、测试等。　　　　　　　　　计量单位：个

定 额 编 号			A9-4-20	A9-4-21	A9-4-22
项 目 名 称			扬声器		音量调节器
			吸顶式 (3W～5W)	壁挂式 (3W～5W)	
基 价 (元)			28.40	22.72	9.06
其中	人 工 费 (元)		26.60	20.58	6.44
	材 料 费 (元)		1.76	2.10	2.58
	机 械 费 (元)		0.04	0.04	0.04
名 称		单位	单价(元)	消 耗	量
人工	综合工日	工日	140.00	0.190	0.147	0.046
材料	扬声器	个	—	(1.000)	(1.000)	—
	音量调节器	个	—	—	—	(1.000)
	镀锌螺钉 M2～5×4～50	个	0.03			2.040
	棉纱头	kg	6.00	0.010	0.010	0.006
	木螺钉 M2～4×6～65	10个	0.90	—	0.204	—
	塑料异型管 φ5	m	2.39	0.053	0.053	0.053
	塑料胀管 φ6～8	个	0.07		2.100	
	铜接线卡 1.0～2.5	个	0.62	2.030	2.030	3.045
	阻燃铜芯塑料绝缘电线 ZR-BV-1.5mm²	m	0.85	—	—	0.458
	阻燃铜芯塑料绝缘绞型电线 ZR-RVS 2×1.5mm²	m	1.71	0.153	0.153	—
	其他材料费占材料费	%	—	3.000	3.000	3.000
机械	手持式万用表	台班	4.07	0.010	0.010	0.010

八、消防专用模块(模块箱)安装

工作内容：校线、接头压接冷压端头、排线、绑扎、导线标识、安装、补漆、编码、本体调试等。

计量单位：个

定 额 编 号			A9-4-23	A9-4-24	A9-4-25	A9-4-26
项 目 名 称			模块			
			单输入	多输入	单输出	多输出
基 价（元）			57.38	66.99	61.61	82.57
其中	人 工 费（元）		51.24	57.54	54.18	71.82
	材 料 费（元）		5.33	7.82	6.62	9.12
	机 械 费（元）		0.81	1.63	0.81	1.63
名 称	单位	单价（元）	消 耗 量			
人工	综合工日	工日	140.00	0.366	0.411	0.387	0.513
材料	消防模块	个	—	(1.000)	(1.000)	(1.000)	(1.000)
	标志牌	个	1.37	1.000	1.000	1.000	1.000
	镀锌螺钉 M2～5×4～50	个	0.03	2.040	2.040	2.040	2.040
	棉纱头	kg	6.00	0.010	0.010	0.010	0.010
	尼龙线卡	个	0.14	4.000	8.000	4.000	8.000
	尼龙扎带 L=100～150	个	0.04	2.000	4.000	2.000	4.000
	铜接线卡 1.0～2.5	个	0.62	4.060	6.090	6.090	8.120
	阻燃铜芯塑料绝缘绞型电线 ZR-RVS 2×1.5mm²	m	1.71	0.305	0.611	0.305	0.611
	其他材料费占材料费	%	—	3.000	3.000	3.000	3.000
机械	手持式万用表	台班	4.07	0.200	0.400	0.200	0.400

工作内容：校线、接头压接冷压端头、排线、绑扎、导线标识、安装、补漆、编码、本体调试等。

计量单位：个

定　额　编　号					A9-4-27	A9-4-28
项　目　名　称					模块	
					单输入单输出	多输入多输出
基　　　　价　（元）					69.21	208.64
其中	人　工　费（元）				60.48	195.30
	材　料　费（元）				7.92	11.71
	机　械　费（元）				0.81	1.63
名　　　称		单位	单价（元）		消　　耗　　量	
人工	综合工日	工日	140.00		0.432	1.395
材料	消防模块	个	—		(1.000)	(1.000)
	标志牌	个	1.37		1.000	1.000
	镀锌螺钉 M2~5×4~50	个	0.03		2.040	2.040
	棉纱头	kg	6.00		0.010	0.010
	尼龙线卡	个	0.14		4.000	8.000
	尼龙扎带 L=100~150	个	0.04		2.000	4.000
	铜接线卡 1.0~2.5	个	0.62		8.120	12.180
	阻燃铜芯塑料绝缘绞型电线 ZR-RVS 2×1.5mm²	m	1.71		0.305	0.611
	其他材料费占材料费	%	—		3.000	3.000
机械	手持式万用表	台班	4.07		0.200	0.400

90

工作内容：开箱、检查、箱体安装、接地、涮锡、补漆等。

计量单位：台

定 额 编 号				A9-4-29	A9-4-30
项 目 名 称				模块箱	端子箱
基 价（元）				58.35	61.13
其中	人 工 费（元）			25.20	28.14
	材 料 费（元）			15.41	15.25
	机 械 费（元）			17.74	17.74
名 称		单位	单价（元）	消 耗 量	
人工	综合工日	工日	140.00	0.180	0.201
材料	端子箱	台	—	—	(1.000)
	模块箱	台	—	(1.000)	—
	低碳钢焊条	kg	6.84	0.045	0.045
	镀锌扁钢(综合)	kg	3.85	0.630	0.630
	防锈漆	kg	5.62	0.027	0.015
	焊锡	kg	57.50	0.020	0.020
	焊锡膏	kg	14.53	0.006	0.006
	接地编织铜线	m	12.82	0.500	0.500
	膨胀螺栓 M8	10套	2.50	0.412	0.412
	调和漆	kg	6.00	0.045	0.030
	铜端子 6mm²	个	1.54	2.030	2.030
	其他材料费占材料费	%	—	3.000	3.000
机械	电焊机(综合)	台班	118.28	0.150	0.150

九、区域报警控制器安装

工作内容：外观检查、校线、绝缘电阻遥测、接头挂锡或压接冷压端头、排线、绑扎、导线标识、安装、本体调试、接地等。

计量单位：台

定 额 编 号			A9-4-31	A9-4-32	A9-4-33
项 目 名 称			报警控制器(壁挂)		
			64点以内	128点以内	256点以内
基 价（元）			389.07	544.31	1182.14
其中	人 工 费（元）		323.40	467.18	1102.64
	材 料 费（元）		39.27	42.59	40.89
	机 械 费（元）		26.40	34.54	38.61
名 称	单位	单价（元）	消 耗 量		
人工 综合工日	工日	140.00	2.310	3.337	7.876
材料 报警控制器	台	—	(1.000)	(1.000)	(1.000)
标志牌	个	1.37	1.000	1.000	1.000
低碳钢焊条	kg	6.84	0.045	0.045	0.045
镀锌扁钢 40×4	kg	4.75	0.630	0.630	0.063
防锈漆	kg	5.62	0.200	0.250	0.027
焊锡	kg	57.50	0.150	0.180	0.220
焊锡膏	kg	14.53	0.030	0.030	0.060
接地编织铜线	m	12.82	1.000	1.000	1.000
尼龙砂轮片 φ100	片	2.05	0.200	0.200	0.200
尼龙线卡	个	0.14	10.000	12.000	14.000
膨胀螺栓 M8	10套	2.50	0.412	0.412	0.412
汽油	kg	6.77	0.300	0.350	0.450
塑料异型管 φ5	m	2.39	0.525	0.525	0.579
调和漆	kg	6.00	0.200	0.300	0.045
铜端子 6mm²	个	1.54	2.030	2.030	2.030
其他材料费占材料费	%	—	3.000	3.000	3.000
机械 电焊机(综合)	台班	118.28	0.150	0.150	0.150
交/直流低电阻测试仪	台班	7.34	0.070	0.070	0.070
手持式万用表	台班	4.07	2.000	4.000	5.000

92

工作内容：外观检查、校线、绝缘电阻遥测、接头挂锡或压接冷压端头、排线、绑扎、导线标识、安装、本体调试、接地等。

计量单位：台

定　额　编　号				A9-4-34	A9-4-35
项　目　名　称				报警控制器(壁挂)	报警控制器(落地)
				500点以内	1000点以内
基　　　　价（元）				1925.45	2633.55
其中	人　工　费（元）			1832.04	2497.46
	材　料　费（元）			50.73	82.04
	机　械　费（元）			42.68	54.05
名　　　称		单位	单价（元）	消　耗　量	
人工	综合工日	工日	140.00	13.086	17.839
材料	报警控制器	台	—	(1.000)	(1.000)
	标志牌	个	1.37	1.000	1.000
	低碳钢焊条	kg	6.84	0.045	0.090
	镀锌扁钢 40×4	kg	4.75	0.630	0.630
	镀锌六角螺栓带螺母 2平垫1弹垫 M10×100以内	10套	4.30		0.412
	防锈漆	kg	5.62	0.030	0.030
	焊锡	kg	57.50	0.380	0.700
	焊锡膏	kg	14.53	0.100	0.180
	接地编织铜线	m	12.82	0.500	1.000
	尼龙砂轮片 Φ100	片	2.05	0.300	0.500
	尼龙线卡	个	0.14	22.000	40.000
	膨胀螺栓 M8	10套	2.50	0.412	
	汽油	kg	6.77	0.620	0.850
	塑料异型管 Φ5	m	2.39	0.998	1.838
	调和漆	kg	6.00	0.045	0.045
	铜端子 6mm²	个	1.54	2.030	
	其他材料费占材料费	%	—	3.000	3.000
机械	电焊机(综合)	台班	118.28	0.150	0.150
	交/直流低电阻测试仪	台班	7.34	0.070	0.070
	手持式万用表	台班	4.07	6.000	8.000
	手动液压叉车	台班	6.46	—	0.500

十、联动控制器安装

工作内容：校线、绝缘电阻遥测、接头挂锡或压接冷压端头、排线、绑扎、导线标识、安装、本体调试、接地等。

计量单位：台

定 额 编 号				A9-4-36	A9-4-37	A9-4-38
项 目 名 称				壁挂		落地
				256点以内	500以内	1000点以内
基 价（元）				1587.29	1705.69	1864.84
其中	人 工 费（元）			1518.86	1617.84	1718.22
	材 料 费（元）			33.89	49.24	92.57
	机 械 费（元）			34.54	38.61	54.05
名 称		单位	单价（元）	消 耗 量		
人工	综合工日	工日	140.00	10.849	11.556	12.273
材料	联动控制器	台	—	(1.000)	(1.000)	(1.000)
	低碳钢焊条	kg	6.84	0.045	0.045	0.045
	镀锌扁钢（综合）	kg	3.85	0.630	0.630	0.630
	镀锌六角螺栓带螺母 2平垫1弹垫 M10×100以内	10套	4.30	—	—	0.412
	防锈漆	kg	5.62	0.027	0.030	0.040
	焊锡	kg	57.50	0.200	0.360	0.680
	焊锡膏	kg	14.53	0.050	0.090	0.170
	接地编织铜线	m	12.82	0.500	0.500	1.000
	尼龙砂轮片 φ100	片	2.05	0.200	0.300	0.500
	尼龙线卡	个	0.14	16.000	24.000	46.000
	膨胀螺栓 M10	10套	2.50	0.412	0.412	—
	汽油	kg	6.77	0.450	0.860	1.500
	塑料异型管 φ5	m	2.39	0.525	0.945	1.785
	调和漆	kg	6.00	0.045	0.045	0.050
	铜端子 16mm²	个	2.11	—	—	4.060
	铜端子 6mm²	个	1.54	2.030	2.030	—
	其他材料费占材料费	%	—	3.000	3.000	3.000
机械	电焊机（综合）	台班	118.28	0.150	0.150	0.150
	交/直流低电阻测试仪	台班	7.34	0.070	0.070	0.070
	手持式万用表	台班	4.07	4.000	5.000	8.000
	手动液压叉车	台班	6.46	—	—	0.500

十一、远程控制箱(柜)安装

工作内容：校线、绝缘电阻遥测、接头挂锡或压接冷压端头、排线、绑扎、导线标识、安装、本体调试、接地等。

计量单位：台

定 额 编 号			A9-4-39	A9-4-40	A9-4-41
项 目 名 称			远程控制箱		重复显示器
			3路以内	5路以内	
基 价 （元）			533.17	636.01	265.09
其中	人 工 费（元）		480.20	575.68	212.24
	材 料 费（元）		26.57	31.90	22.38
	机 械 费（元）		26.40	28.43	30.47
名 称	单位	单价（元）	消 耗 量		
人工 综合工日	工日	140.00	3.430	4.112	1.516
材料 远程控制箱	台	—	(1.000)	(1.000)	—
重复显示器	台	—	—	—	(1.000)
打印纸卷	盒	8.55	0.240	0.300	—
低碳钢焊条	kg	6.84	0.045	0.045	0.045
镀锌扁钢(综合)	kg	3.85	0.630	0.630	0.630
防锈漆	kg	5.62	0.027	0.030	0.040
焊锡	kg	57.50	0.130	0.190	0.080
焊锡膏	kg	14.53	0.040	0.050	0.020
接地编织铜线	m	12.82	0.500	0.500	0.500
膨胀螺栓 M8	10套	2.50	0.412	0.412	0.412
汽油	kg	6.77	0.180	0.260	0.200
塑料异型管 φ5	m	2.39	0.315	0.525	0.210
调和漆	kg	6.00	0.045	0.045	0.050
铜端子 16mm²	个	2.11	—	—	2.030
铜端子 6mm²	个	1.54	2.030	2.030	—
其他材料费占材料费	%	—	3.000	3.000	3.000
机械 电焊机(综合)	台班	118.28	0.150	0.150	0.150
交/直流低电阻测试仪	台班	7.34	0.070	0.070	0.070
手持式万用表	台班	4.07	2.000	2.500	3.000

十二、火灾报警系统控制主机安装

工作内容：校线、绝缘电阻遥测、接头挂锡或压接冷压端头、排线、绑扎、导线标识、安装、本体调试、接地等。

计量单位：台

定 额 编 号				A9-4-42	A9-4-43	A9-4-44
项 目 名 称				壁挂(点以内)		
				500	1000	2000
基 价 （元）				2002.89	2646.40	3078.20
其中	人 工 费 （元）			1922.62	2531.20	2926.14
	材 料 费 （元）			41.66	68.45	97.17
	机 械 费 （元）			38.61	46.75	54.89
名 称		单位	单价(元)	消 耗 量		
人工	综合工日	工日	140.00	13.733	18.080	20.901
材料	火灾报警控制器	台	—	(1.000)	(1.000)	(1.000)
	标志牌	个	1.37	1.000	1.000	1.000
	打印纸卷	盒	8.55	0.320	0.400	0.500
	低碳钢焊条	kg	6.84	0.045	0.045	0.045
	镀锌扁钢(综合)	kg	3.85	0.630	0.630	0.630
	防锈漆	kg	5.62	0.040	0.450	0.500
	焊锡	kg	57.50	0.250	0.500	0.800
	焊锡膏	kg	14.53	0.070	0.130	0.200
	接地编织铜线	m	12.82	0.500	0.500	0.500
	尼龙线卡	个	0.14	15.000	46.000	86.000
	膨胀螺栓 M10	10套	2.50	0.412	0.412	0.412
	汽油	kg	6.77	0.520	0.800	0.920
	塑料异型管 φ5	m	2.39	0.630	1.250	2.100
	调和漆	kg	6.00	0.050	0.060	0.065
	铜端子 6mm²	个	1.54	2.030	2.030	2.030
	其他材料费占材料费	%	—	3.000	3.000	3.000
机械	电焊机(综合)	台班	118.28	0.150	0.150	0.150
	交/直流低电阻测试仪	台班	7.34	0.070	0.070	0.070
	手持式万用表	台班	4.07	5.000	7.000	9.000

工作内容:校线、绝缘电阻遥测、接头挂锡或压接冷压端头、排线、绑扎、导线标识、安装、本体调试、接地等。

计量单位:台

定　额　编　号				A9-4-45
项　目　名　称				壁挂(点以外)
				2000
基　　　　价（元）				4267.68
其中	人　工　费（元）			4029.76
	材　料　费（元）			170.82
	机　械　费（元）			67.10
名　　　称	单位	单价(元)	消　　耗　　量	
人工	综合工日	工日	140.00	28.784
材料	火灾报警控制器	台	—	(1.000)
	标志牌	个	1.37	1.000
	打印纸卷	盒	8.55	0.600
	低碳钢焊条	kg	6.84	0.045
	镀锌扁钢(综合)	kg	3.85	0.630
	防锈漆	kg	5.62	0.600
	焊锡	kg	57.50	1.600
	焊锡膏	kg	14.53	0.400
	接地编织铜线	m	12.82	0.500
	尼龙线卡	个	0.14	120.000
	膨胀螺栓 M10	10套	2.50	0.412
	汽油	kg	6.77	2.600
	塑料异型管 φ5	m	2.39	4.200
	调和漆	kg	6.00	0.070
	铜端子 6mm^2	个	1.54	2.030
	其他材料费占材料费	%	—	3.000
机械	电焊机(综合)	台班	118.28	0.150
	交/直流低电阻测试仪	台班	7.34	0.070
	手持式万用表	台班	4.07	12.000

工作内容：校线、绝缘电阻遥测、接头挂锡或压接冷压端头、排线、绑扎、导线标识、安装、本体调试、接地等。

计量单位：台

定　额　编　号				A9-4-46	A9-4-47	A9-4-48
项　目　名　称				落地(点以内)		
				500	1000	2000
基　　　价（元）				2040.47	2673.54	3136.78
其中	人　工　费（元）			1941.38	2541.14	2965.48
	材　料　费（元）			57.25	82.42	113.18
	机　械　费（元）			41.84	49.98	58.12
名　　称		单位	单价（元）	消　　耗　　量		
人工	综合工日	工日	140.00	13.867	18.151	21.182
材料	火灾报警控制器	台	—	(1.000)	(1.000)	(1.000)
	标志牌	个	1.37	1.000	1.000	1.000
	打印纸卷	盒	8.55	0.320	0.400	0.500
	低碳钢焊条	kg	6.84	0.045	0.045	0.045
	镀锌扁钢(综合)	kg	3.85	0.630	0.630	0.630
	镀锌六角螺栓带螺母 2平垫1弹垫 M10×100以内	10套	4.30	0.412	0.412	0.412
	防锈漆	kg	5.62	0.030	0.045	0.500
	焊锡	kg	57.50	0.250	0.500	0.800
	焊锡膏	kg	14.53	0.063	0.130	0.200
	接地编织铜线	m	12.82	1.000	1.000	1.000
	尼龙线卡	个	0.14	15.000	46.000	82.000
	汽油	kg	6.77	0.520	0.800	0.920
	塑料异型管 φ5	m	2.39	0.630	1.250	2.100
	调和漆	kg	6.00	0.500	0.600	0.650
	铜端子 16mm²	个	2.11	4.060	4.060	4.060
	其他材料费占材料费	%	—	3.000	3.000	3.000
机械	电焊机(综合)	台班	118.28	0.150	0.150	0.150
	交/直流低电阻测试仪	台班	7.34	0.070	0.070	0.070
	手持式万用表	台班	4.07	5.000	7.000	9.000
	手动液压叉车	台班	6.46	0.500	0.500	0.500

工作内容：校线、绝缘电阻遥测、接头挂锡或压接冷压端头、排线、绑扎、导线标识、安装、本体调试、接地等。

计量单位：台

定 额 编 号			A9-4-49	A9-4-50
项 目 名 称			落地(点以内)	落地(点以外)
			5000	
基 价 （元）			4303.88	4811.64
其中	人 工 费（元）		4044.04	4475.38
	材 料 费（元）		189.51	233.37
	机 械 费（元）		70.33	102.89
名 称		单位	单价(元)	消 耗 量	
人工	综合工日	工日	140.00	28.886	31.967
材料	火灾报警控制器	台	—	(1.000)	(1.000)
	标志牌	个	1.37	1.000	1.000
	打印纸卷	盒	8.55	0.600	0.600
	低碳钢焊条	kg	6.84	0.045	0.045
	镀锌扁钢(综合)	kg	3.85	0.630	0.630
	镀锌六角螺栓带螺母 2平垫1弹垫 M10×100以内	10套	4.30	0.824	1.648
	防锈漆	kg	5.62	0.600	0.700
	焊锡	kg	57.50	1.600	1.900
	焊锡膏	kg	14.53	0.400	0.700
	接地编织铜线	m	12.82	1.000	1.000
	尼龙线卡	个	0.14	120.000	150.000
	汽油	kg	6.77	2.600	2.900
	塑料异型管 φ5	m	2.39	4.200	8.400
	调和漆	kg	6.00	0.700	0.800
	铜端子 16mm²	个	2.11	4.060	4.060
	其他材料费占材料费	%	—	3.000	3.000
机械	电焊机(综合)	台班	118.28	0.150	0.150
	交/直流低电阻测试仪	台班	7.34	0.070	0.070
	手持式万用表	台班	4.07	12.000	20.000
	手动液压叉车	台班	6.46	0.500	0.500

十三、联动控制主机安装

工作内容：校线、绝缘电阻遥测、接头挂锡或压接冷压端头、排线、绑扎、导线标识、安装、本体调试、接地等。

计量单位：台

定 额 编 号			A9-4-51	A9-4-52	A9-4-53
项 目 名 称			落地(点以内)		
			256	500	1000
基 价（元）			2257.68	2422.99	2596.30
其中	人 工 费（元）		2176.58	2317.84	2454.48
	材 料 费（元）		47.40	65.35	95.91
	机 械 费（元）		33.70	39.80	45.91
名 称	单位	单价（元）	消 耗 量		
人工 综合工日	工日	140.00	15.547	16.556	17.532
材料 联动控制器	台	—	(1.000)	(1.000)	(1.000)
标志牌	个	1.37	1.000	1.000	1.000
低碳钢焊条	kg	6.84	0.045	0.045	0.045
镀锌扁钢(综合)	kg	3.85	0.630	0.630	0.630
镀锌六角螺栓带螺母 2平垫1弹垫 M8×100以内	10套	3.25	0.412	0.412	0.412
防锈漆	kg	5.62	0.027	0.030	0.045
焊锡	kg	57.50	0.200	0.360	0.680
焊锡膏	kg	14.53	0.050	0.090	0.170
接地编织铜线	m	12.82	1.000	1.000	1.000
尼龙线卡	个	0.14	16.000	24.000	46.000
汽油	kg	6.77	0.450	0.860	1.500
塑料异型管 φ5	m	2.39	0.525	0.945	1.785
调和漆	kg	6.00	0.045	0.500	0.600
铜端子 16mm²	个	2.11	4.060	4.060	4.060
其他材料费占材料费	%	—	3.000	3.000	3.000
机械 电焊机(综合)	台班	118.28	0.150	0.150	0.150
交/直流低电阻测试仪	台班	7.34	0.070	0.070	0.070
手持式万用表	台班	4.07	3.000	4.500	6.000
手动液压叉车	台班	6.46	0.500	0.500	0.500

工作内容：校线、绝缘电阻遥测、接头挂锡或压接冷压端头、排线、绑扎、导线标识、安装、本体调试、接地等。

计量单位：台

定 额 编 号				A9-4-54
项 目 名 称				落地（点以外）
				1000
基 价（元）				2773.12
其中	人 工 费（元）			2598.12
	材 料 费（元）			125.02
	机 械 费（元）			49.98
名 称	单位	单价（元）	消 耗 量	
人工	综合工日	工日	140.00	18.558
材料	联动控制器	台	—	(1.000)
	标志牌	个	1.37	1.000
	低碳钢焊条	kg	6.84	0.045
	镀锌扁钢(综合)	kg	3.85	0.630
	镀锌六角螺栓带螺母 2平垫1弹垫 M8×100以内	10套	3.25	0.618
	防锈漆	kg	5.62	0.500
	焊锡	kg	57.50	0.980
	焊锡膏	kg	14.53	0.230
	接地编织铜线	m	12.82	1.000
	尼龙线卡	个	0.14	68.000
	汽油	kg	6.77	1.800
	塑料异型管 φ5	m	2.39	2.415
	调和漆	kg	6.00	0.650
	铜端子 16mm²	个	2.11	4.060
	其他材料费占材料费	%	—	3.000
机械	电焊机(综合)	台班	118.28	0.150
	交/直流低电阻测试仪	台班	7.34	0.070
	手持式万用表	台班	4.07	7.000
	手动液压叉车	台班	6.46	0.500

十四、消防广播及电话主机(柜)安装

工作内容：校线、绝缘电阻遥测、接头挂锡或压接冷压端头、排线、绑扎、导线标识、安装、本体调试、接地等。

计量单位：台

定 额 编 号			A9-4-55	A9-4-56
项 目 名 称			消防广播控制柜	广播功率放大器
基 价（元）			1343.62	40.27
其中	人 工 费（元）		1215.34	25.90
	材 料 费（元）		97.81	12.33
	机 械 费（元）		30.47	2.04
名 称	单位	单价（元）	消 耗 量	
人工 综合工日	工日	140.00	8.681	0.185
材料 广播功率放大器	台	—	—	(1.000)
消防广播控制柜	台	—	(1.000)	—
标志牌	个	1.37	1.000	—
低碳钢焊条	kg	6.84	0.045	—
垫铁	kg	4.20	2.000	—
镀锌扁钢(综合)	kg	3.85	1.260	—
镀锌六角螺栓带螺母 2平垫1弹垫 M8×100以内	10套	3.25	0.412	—
镀锌螺钉 M2~5×4~50	个	0.03	—	4.080
防锈漆	kg	5.62	0.027	—
焊锡	kg	57.50	0.570	—
焊锡膏	kg	14.53	0.143	—
接地编织铜线	m	12.82	1.000	0.500
汽油	kg	6.77	1.640	—
塑料异型管 φ5	m	2.39	1.470	—
调和漆	kg	6.00	0.045	—
铜端子 16mm²	个	2.11	4.060	2.030
铜芯塑料绝缘电线 BV-4mm²	m	1.97	3.054	—
橡胶板	kg	2.91	0.480	—
橡胶垫 δ2	m²	19.26	—	0.060
其他材料费占材料费	%		3.000	3.000
机械 电焊机(综合)	台班	118.28	0.150	—
交/直流低电阻测试仪	台班	7.34	0.070	—
手持式万用表	台班	4.07	3.000	0.500

工作内容：校线、绝缘电阻遥测、接头挂锡或压接冷压端头、排线、绑扎、导线标识、安装、本体调试、接地等。

计量单位：台

定　额　编　号			A9-4-57	A9-4-58	A9-4-59
项　目　名　称			广播录放盘	矩阵	广播分配器
基　　　价（元）			44.47	32.57	225.83
其中	人　工　费（元）		32.34	21.56	189.70
	材　料　费（元）		12.13	11.01	36.13
	机　械　费（元）		—	—	—
名　　　称	单位	单价（元）	消　　耗　　量		
人工 综合工日	工日	140.00	0.231	0.154	1.355
材料 广播分配器	台	—	—	—	(1.000)
广播录放盘	台	—	(1.000)	—	—
矩阵	台	—	—	(1.000)	—
镀锌螺钉 M2~5×4~50	个	0.03	4.080	—	4.080
焊锡	kg	57.50	—	—	0.360
焊锡膏	kg	14.53	—	—	0.090
接地编织铜线	m	12.82	0.500	0.500	0.500
塑料异型管 φ5	m	2.39	—	—	0.945
铜端子 16mm²	个	2.11	2.030	2.030	2.030
橡胶垫 δ2	m²	19.26	0.050	—	—
其他材料费占材料费	%	—	3.000	3.000	3.000

103

工作内容：校线、绝缘电阻遥测、接头挂锡或压接冷压端头、排线、绑扎、导线标识、安装、本体调试、接地等。

计量单位：台

定 额 编 号				A9-4-60	A9-4-61	A9-4-62	A9-4-63
项 目 名 称				消防电话主机(路以内)			
				10	30	60	80
基 价（元）				920.58	1360.86	1647.23	2077.24
其中	人 工 费（元）			829.08	1238.16	1486.24	1880.06
	材 料 费（元）			61.03	92.23	122.38	150.43
	机 械 费（元）			30.47	30.47	38.61	46.75
名 称		单位	单价（元）	消 耗 量			
人工	综合工日	工日	140.00	5.922	8.844	10.616	13.429
材料	消防电话主机	台	—	(1.000)	(1.000)	(1.000)	(1.000)
	低碳钢焊条	kg	6.84	0.045	0.045	0.045	0.045
	镀锌扁钢(综合)	kg	3.85	1.220	1.220	1.220	1.220
	镀锌六角螺栓带螺母 2平垫1弹垫 M10×100以内	10套	4.30	0.412	0.412	0.412	0.412
	防锈漆	kg	5.62	0.020	0.020	0.020	0.020
	焊锡	kg	57.50	0.430	0.830	1.230	1.630
	焊锡膏	kg	14.53	0.110	0.210	0.310	0.410
	接地编织铜线	m	12.82	1.000	1.000	1.000	1.000
	汽油	kg	6.77	0.290	0.640	0.980	1.020
	塑料异型管 φ5	m	2.39	1.050	2.100	3.150	4.200
	调和漆	kg	6.00	0.030	0.030	0.030	0.030
	铜端子 16mm²	个	2.11	4.060	4.060	4.060	4.060
	橡胶垫 δ2	m²	19.26	—	0.050	0.050	0.050
	其他材料费占材料费	%	—	3.000	3.000	3.000	3.000
机械	电焊机(综合)	台班	118.28	0.150	0.150	0.150	0.150
	交/直流低电阻测试仪	台班	7.34	0.070	0.070	0.070	0.070
	手持式万用表	台班	4.07	3.000	3.000	5.000	7.000

十五、火灾报警控制微机安装

工作内容：计算机主机、显示器、打印机安装、软件安装、调试等。 计量单位：台

定 额 编 号				A9-4-64
项 目 名 称				火灾报警控制微机、图形显示及打印终端
基 价（元）				560.94
其中	人 工 费（元）			464.52
	材 料 费（元）			84.21
	机 械 费（元）			12.21
名 称	单位	单价(元)	消 耗 量	
人工	综合工日	工日	140.00	3.318
材料	火灾报警CRT	台	—	(1.000)
	白绸	m²	17.09	0.220
	打印纸	箱	130.00	0.600
	其他材料费占材料费	%	—	3.000
机械	手持式万用表	台班	4.07	3.000

十六、备用电源及电池主机(柜)安装

工作内容：安装、电池安装、电池组接线、本体调试等。　　　　　　　　计量单位：台

定　额　编　号				A9-4-65
项　目　名　称				备用电源及电池主机(柜)
基　　　　价（元）				381.21
其中	人　工　费（元）			323.40
	材　料　费（元）			28.70
	机　械　费（元）			29.11
名　　称	单位	单价（元）	消　耗　量	
人工 综合工日	工日	140.00	2.310	
材料 备用电源及电池主机	台	—	(1.000)	
低碳钢焊条	kg	6.84	0.045	
镀锌扁钢(综合)	kg	3.85	0.630	
镀锌六角螺栓带螺母 2平垫1弹垫 M8×100以内	10套	3.25	0.412	
镀锌螺钉 M2~5×4~50	个	0.03	5.600	
防锈漆	kg	5.62	0.020	
接地编织铜线	m	12.82	1.000	
汽油	kg	6.77	0.230	
调和漆	kg	6.00	0.030	
铜端子 16mm²	个	2.11	4.060	
橡胶垫 δ2	m²	19.26	0.020	
其他材料费占材料费	%	—	3.000	
机械 电焊机(综合)	台班	118.28	0.150	
手持式万用表	台班	4.07	2.000	
手动液压叉车	台班	6.46	0.500	

十七、报警联动一体机安装

工作内容：校线、绝缘电阻遥测、接头挂锡或压接冷压端头、排线、绑扎、导线标识、安装、本体调试、接地等。

计量单位：台

定 额 编 号			A9-4-66	A9-4-67
项 目 名 称			火灾报警联动一体机壁挂	
			64点以内	128点以内
基 价（元）			525.08	819.42
其中	人 工 费（元）		467.18	751.10
	材 料 费（元）		31.50	37.85
	机 械 费（元）		26.40	30.47
名 称	单位	单价（元）	消 耗 量	
人工 综合工日	工日	140.00	3.337	5.365
材料 火灾报警联动一体机	台	—	(1.000)	(1.000)
标志牌	个	1.37	1.000	1.000
低碳钢焊条	kg	6.84	0.045	0.045
镀锌扁钢(综合)	kg	3.85	0.630	0.630
防锈漆	kg	5.62	0.020	0.020
焊锡	kg	57.50	0.050	0.090
焊锡膏	kg	14.53	0.015	0.025
接地编织铜线	m	12.82	0.500	0.500
尼龙线卡	个	0.14	15.000	20.000
膨胀螺栓 M10	10套	2.50	0.412	0.412
汽油	kg	6.77	0.560	0.900
塑料异型管 Φ5	m	2.39	0.500	0.800
调和漆	kg	6.00	0.030	0.030
铜端子 16mm^2	个	2.11	4.060	4.060
其他材料费占材料费	%	—	3.000	3.000
机械 电焊机(综合)	台班	118.28	0.150	0.150
交/直流低电阻测试仪	台班	7.34	0.070	0.070
手持式万用表	台班	4.07	2.000	3.000

工作内容：校线、绝缘电阻遥测、接头挂锡或压接冷压端头、排线、绑扎、导线标识、安装、本体调试、接地等。

计量单位：台

定 额 编 号			A9-4-68	A9-4-69	A9-4-70
项 目 名 称			火灾报警联动一体机落地		
			256点以内	500点以内	1000点以内
基 价（元）			1912.95	2706.07	3530.00
其中	人 工 费（元）		1824.06	2588.46	3388.14
	材 料 费（元）		51.12	75.77	91.88
	机 械 费（元）		37.77	41.84	49.98
名 称	单位	单价（元）	消 耗 量		
人工 综合工日	工日	140.00	13.029	18.489	24.201
材料 火灾报警联动一体机	台	—	(1.000)	(1.000)	(1.000)
标志牌	个	1.37	1.000	1.000	1.000
低碳钢焊条	kg	6.84	0.045	0.045	0.045
镀锌扁钢（综合）	kg	3.85	0.630	0.630	0.630
镀锌六角螺栓带螺母 2平垫1弹垫 M10×100以内	10套	4.30	0.412	0.412	0.412
防锈漆	kg	5.62	0.020	0.020	0.020
焊锡	kg	57.50	0.150	0.250	0.500
焊锡膏	kg	14.53	0.045	0.070	0.130
接地编织铜线	m	12.82	1.000	1.000	0.500
尼龙线卡	个	0.14	25.000	30.000	40.000
汽油	kg	6.77	0.950	3.020	3.500
塑料异型管 φ5	m	2.39	1.200	2.500	3.400
调和漆	kg	6.00	0.030	0.030	0.030
铜端子 16mm²	个	2.11	4.060	4.060	4.060
其他材料费占材料费	%	—	3.000	3.000	3.000
机械 电焊机（综合）	台班	118.28	0.150	0.150	0.150
交/直流低电阻测试仪	台班	7.34	0.070	0.070	0.070
手持式万用表	台班	4.07	4.000	5.000	7.000
手动液压叉车	台班	6.46	0.500	0.500	0.500

工作内容：校线、绝缘电阻遥测、接头挂锡或压接冷压端头、排线、绑扎、导线标识、安装、本体调试、
接地等。
计量单位：台

定　额　编　号			A9-4-71	A9-4-72	A9-4-73
项　目　名　称			火灾报警联动一体机落地		
			2000点以内	5000点以内	5000点以外
基　　　　价（元）			4176.26	5712.39	6434.15
其中	人　工　费（元）		3954.02	5392.10	5967.08
	材　料　费（元）		120.60	177.08	254.60
	机　械　费（元）		101.64	143.21	212.47
名　　称	单位	单价（元）	消　　耗　　量		
人工 综合工日	工日	140.00	28.243	38.515	42.622
材料 火灾报警联动一体机	台	—	(1.000)	(1.000)	(1.000)
标志牌	个	1.37	1.000	1.000	1.000
低碳钢焊条	kg	6.84	0.045	0.045	0.045
镀锌扁钢(综合)	kg	3.85	0.630	0.630	0.630
镀锌六角螺栓带螺母 2平垫1弹垫 M10×100以内	10套	4.30	0.412	0.412	0.412
防锈漆	kg	5.62	0.020	0.020	0.020
焊锡	kg	57.50	0.800	1.600	2.500
焊锡膏	kg	14.53	0.200	0.500	0.900
接地编织铜线	m	12.82	0.500	0.500	0.500
尼龙线卡	个	0.14	95.000	140.000	180.000
汽油	kg	6.77	3.500	3.020	3.500
塑料异型管 φ5	m	2.39	4.200	4.800	8.500
调和漆	kg	6.00	0.030	0.030	0.030
铜端子 16mm^2	个	2.11	4.060	4.060	4.060
其他材料费占材料费	%	—	3.000	3.000	3.000
机械 电焊机(综合)	台班	118.28	0.150	0.150	0.150
交/直流低电阻测试仪	台班	7.34	6.000	10.000	15.000
手持式万用表	台班	4.07	9.000	12.000	20.000
手动液压叉车	台班	6.46	0.500	0.500	0.500

十八、电气火灾监控设备安装

工作内容：盘柜开孔(导轨安装)、安装、固定、校线、功能检测、编码。　　　　　　计量单位：个

定 额 编 号				A9-4-74	A9-4-75
项 目 名 称				漏电火灾监控探测器	
				单输入	多输入
基 价（元）				140.39	157.28
其中	人 工 费（元）			132.72	148.96
	材 料 费（元）			2.53	2.55
	机 械 费（元）			5.14	5.77
名 称		单位	单价（元）	消　耗　量	
人工	综合工日	工日	140.00	0.948	1.064
材料	漏电火灾监控探测器	个	—	(1.000)	(1.000)
	标志牌	个	1.37	1.000	1.000
	镀锌机螺钉 (2~5)×(4~50)	个	0.56	2.040	2.040
	其他材料费占材料费	%	—	0.870	1.590
机械	其他机具费	元	1.00	5.140	5.770

十九、防火门监控设备安装

工作内容：盘柜开孔(导轨安装)、安装、固定、校线、功能检测、编码、调试。　　　　计量单位：个

定　额　编　号			A9-4-76	A9-4-77
项　目　名　称			防火门现场监控模块	
			单门	双门
基　　　　价（元）			17.32	21.42
其中	人　工　费（元）		16.24	20.30
	材　料　费（元）		0.87	0.87
	机　械　费（元）		0.21	0.25
名　　　称	单位	单价（元）	消　　耗　　量	
人工	综合工日	工日	140.00	0.116	0.145
材料	监控模块	个	—	(1.000)	(1.000)
	镀锌螺栓 M4×25	套	0.12	4.080	4.080
	脱脂棉	kg	17.86	0.020	0.020
	其他材料费占材料费	%	—	3.000	3.000
机械	对讲机(一对)	台班	4.19	0.050	0.060

工作内容：盘柜开孔(导轨安装)、安装、固定、校线、功能检测、编码、调试。 计量单位：台

定 额 编 号			A9-4-78	A9-4-79	A9-4-80
项 目 名 称			防火门控制器		
			≤64路	≤128路	≤256路
基 价（元）			210.45	377.41	670.42
其中	人 工 费（元）		203.00	365.40	649.60
	材 料 费（元）		1.16	1.53	1.96
	机 械 费（元）		6.29	10.48	18.86
名 称	单位	单价（元）	消 耗 量		
人工 综合工日	工日	140.00	1.450	2.610	4.640
材料 防火门控制器	台	—	(1.000)	(1.000)	(1.000)
镀锌螺栓 M4×25	套	0.12	4.080	4.080	4.080
工业酒精 99.5%	kg	1.36	0.050	0.100	0.200
棉纱头	kg	6.00	0.100	0.150	0.200
机械 对讲机(一对)	台班	4.19	1.500	2.500	4.500

二十、智能应急照明疏散指示设备安装

工作内容：开箱检验、安装、固定、校线、功能检测、编码、调试。　　　　　　　计量单位：台

定　额　编　号				A9-4-81
项　目　名　称				现场控制器
基　　　　　　价（元）				496.78
其中	人　工　费（元）			487.20
	材　料　费（元）			1.20
	机　械　费（元）			8.38
名　　　称	单位	单价(元)	消　　耗　　量	
人工	综合工日	工日	140.00	3.480
材料	现场控制器	台	—	(1.000)
	棉纱头	kg	6.00	0.200
机械	对讲机(一对)	台班	4.19	2.000

工作内容：开箱检验、安装、固定、校线、功能检测、编码、调试。 计量单位：个

定　额　编　号				A9-4-82	
项　目　名　称				智能指示灯	
基　　　　价（元）				20.66	
其中	人　工　费（元）			20.30	
	材　料　费（元）			0.36	
	机　械　费（元）			—	
名　　　称		单位	单价（元）	消　　耗　　量	
人工	综合工日	工日	140.00	0.145	
材料	智能指示灯	个	—	(1.000)	
	镀锌螺栓 M4×25	套	0.12	2.040	
	棉纱头	kg	6.00	0.020	

第五章 消防系统调试

说　　明

一、本章内容包括自动报警系统调试、水灭火控制装置调试、防火控制装置调试、气体灭火系统装置调试等工程。

二、本章适用于工业与民用建筑项目中的消防工程系统调试。

三、有关说明：

1. 系统调试是指消防报警和防火控制装置灭火系统安装完毕且联通，并达到国家有关消防施工验收规范、标准，进行的全系统检测、调整和试验。

2. 定额中不包括气体灭火系统调试试验时采取的安全措施，应另行计算。

3. 自动报警系统装置包括各种探测器、手动报警按钮和报警控制器；灭火系统控制装置包括消火栓、自动喷水、七氟丙烷、二氧化碳等固定灭火系统的控制装置。

4. 切断非消防电源的点数以执行切除非消防电源的模块数量确定点数。

工程量计算规则

一、自动报警系统调试区分不同点数根据集中报警器台数按系统计算。自动报警系统包括各种探测器、报警器、报警按钮、报警控制器组成的报警系统，其点数按具有地址编码的器件数量计算。火灾事故广播、消防通信系统调试按消防广播喇叭及音箱、电话插孔和消防通信的电话分机的数量分别以"10只"或"部"为计量单位。

二、自动喷水灭火系统调试按水流指示器数量以"点（支路）"为计量单位；消火栓灭火系统按消火栓启泵按钮数量以"点"为计量单位；消防水炮控制装置系统调试按水炮数量以"点"为计量单位。

三、防火控制装置调试按设计图示数量计算。

四、气体灭火系统装置调试按调试、检验和验收所消耗的试验容量总数计算，以"点"为计量单位。气体灭火系统调试，是由七氟丙烷、IG541、二氧化碳等组成的灭火系统，按气体灭火系统装置的瓶头阀以点计算。

五、电气火灾监控、消防电源监控及防火门监控系统调试按模块点数执行自动报警系统调试相应子目。

一、自动报警系统调试

1. 自动报警系统调试

工作内容：技术和器具准备、检查接线、绝缘检查、程序装载或校对检查、功能测试、系统试验、记录整理等。

计量单位：系统

定 额 编 号				A9-5-1	A9-5-2	A9-5-3	A9-5-4
项 目 名 称				自动报警系统调试(点以内)			
				64	128	256	500
基 价（元）				2018.64	3286.57	7911.46	13836.54
其中	人 工 费（元）			1679.02	2819.18	7331.52	13109.60
	材 料 费（元）			152.16	176.87	207.85	229.70
	机 械 费（元）			187.46	290.52	372.09	497.24
名 称		单位	单价(元)	消 耗 量			
人工	综合工日	工日	140.00	11.993	20.137	52.368	93.640
材料	充电电池 5号	节	8.55	10.000	10.000	10.000	10.000
	打印纸	箱	130.00	0.050	0.120	0.240	0.320
	电气绝缘胶带 18mm×10m×0.13mm	卷	8.55	5.600	7.200	8.840	10.030
	酒精	kg	6.40	0.200	0.390	0.460	0.560
	铜芯塑料绝缘电线 BV-1.0mm²	m	0.43	15.270	15.270	15.270	15.270
	其他材料费占材料费	%	—	3.000	3.000	3.000	3.000
机械	对讲机(一对)	台班	4.19	4.000	6.000	10.000	30.000
	火灾探测器试验器	台班	3.94	1.500	2.500	3.000	3.500
	交/直流低电阻测试仪	台班	7.34	0.500	0.800	0.950	1.000
	交流稳压电源	台班	9.22	5.000	8.000	10.000	11.000
	接地引下线导通电阻测试仪	台班	13.54	0.500	0.500	0.500	0.500
	手持式万用表	台班	4.07	5.000	7.000	9.000	12.000
	直流稳压电源	台班	17.58	5.000	8.000	10.000	11.000

工作内容：技术和器具准备、检查接线、绝缘检查、程序装载或校对检查、功能测试、系统试验、记录整理等。

计量单位：系统

定 额 编 号				A9-5-5	A9-5-6	A9-5-7
项 目 名 称				自动报警系统调试（点以内）		
				1000	2000	5000
基 价（元）				23328.06	30814.24	46911.05
其中	人 工 费（元）			22062.32	28936.18	43404.34
	材 料 费（元）			347.76	578.71	1157.04
	机 械 费（元）			917.98	1299.35	2349.67
名 称		单位	单价（元）	消 耗 量		
人工	综合工日	工日	140.00	157.588	206.687	310.031
材料	充电电池 5号	节	8.55	20.000	40.000	100.000
	打印纸	箱	130.00	0.400	0.500	0.600
	电气绝缘胶带 18mm×10m×0.13 mm	卷	8.55	12.190	16.820	20.820
	酒精	kg	6.40	0.600	0.700	0.900
	铜芯塑料绝缘电线 BV-1.0mm^2	m	0.43	15.270	15.270	15.270
	其他材料费占材料费	%	—	3.000	3.000	3.000
机械	对讲机(一对)	台班	4.19	50.000	65.000	130.000
	火灾探测器试验器	台班	3.94	5.000	15.000	45.000
	交/直流低电阻测试仪	台班	7.34	1.500	2.000	5.000
	交流稳压电源	台班	9.22	22.000	30.000	50.000
	接地引下线导通电阻测试仪	台班	13.54	0.500	0.500	0.500
	手持式万用表	台班	4.07	20.000	35.000	60.000
	直流稳压电源	台班	17.58	22.000	30.000	50.000

工作内容：技术和器具准备、检查接线、绝缘检查、程序装载或校对检查、功能测试、系统试验、记录整理等。
计量单位：系统

定　额　编　号			A9-5-8
项　目　名　称			自动报警系统调试(5000点以外)
			每增加256点
基　　　　　价（元）			1405.72
其中	人　工　费（元）		1234.38
	材　料　费（元）		70.98
	机　械　费（元）		100.36
名　　称	单位	单价(元)	消　耗　量
人工	综合工日	工日	140.00	8.817

机械	名　称	单位	单价(元)	消耗量

	名　称	单位	单价(元)	消　耗　量
材料	充电电池 5号	节	8.55	5.000
	打印纸	箱	130.00	0.060
	电气绝缘胶带 18mm×10m×0.13mm	卷	8.55	2.080
	酒精	kg	6.40	0.090
	其他材料费占材料费	%	—	3.000
机械	对讲机(一对)	台班	4.19	13.000
	火灾探测器试验器	台班	3.94	4.500
	交/直流低电阻测试仪	台班	7.34	0.500
	接地引下线导通电阻测试仪	台班	13.54	0.005
	手持式万用表	台班	4.07	6.000

2.火灾事故广播、消防通信系统调试

工作内容：技术和器具准备、检查接线、绝缘检查、程序装载或校对检查、功能测试、系统试验、记录整理等。

计量单位：10只

定　额　编　号			A9-5-9	
项　目　名　称			广播喇叭及音箱、电话插孔	
基　　　　价（元）			257.18	
其中	人　工　费（元）		213.92	
	材　料　费（元）		28.18	
	机　械　费（元）		15.08	
名　　　称	单位	单价(元)	消　　耗　　量	
人工	综合工日	工日	140.00	1.528
材料	电池 5号	节	1.71	16.000
	其他材料费占材料费	%	—	3.000
机械	对讲机(一对)	台班	4.19	0.500
	声级计	台班	3.00	0.800
	手持式万用表	台班	4.07	2.600

工作内容：技术和器具准备、检查接线、绝缘检查、程序装载或校对检查、功能测试、系统试验、记录整理等。

计量单位：部

定 额 编 号			A9-5-10
项 目 名 称			通信分机
基 价（元）			42.76
其中	人 工 费（元）		32.48
	材 料 费（元）		7.05
	机 械 费（元）		3.23
名 称	单位	单价（元）	消 耗 量
人工	综合工日	工日	140.00	0.232
材料	电池 5号	节	1.71	4.000
	其他材料费占材料费	%	—	3.000
机械	对讲机（一对）	台班	4.19	0.100
	声级计	台班	3.00	0.800
	手持式万用表	台班	4.07	0.100

二、水灭火控制装置调试

工作内容：技术和器具准备、检查接线、绝缘检查、程序装载或校对检查、功能测试、系统试验、记录整理等。

计量单位：点

定 额 编 号				A9-5-11	A9-5-12	A9-5-13
项 目 名 称				消火栓灭火系统	自动喷水灭火系统	消防水炮控制装置调试
基 价（元）				148.44	212.37	457.34
其中	人 工 费（元）			138.88	186.20	425.88
	材 料 费（元）			5.43	12.00	19.26
	机 械 费（元）			4.13	14.17	12.20
名 称		单位	单价（元）	消 耗 量		
人工	综合工日	工日	140.00	0.992	1.330	3.042
材料	电气绝缘胶带 18mm×10m×0.13mm	卷	8.55	0.420	0.884	1.060
	酒精	kg	6.40	0.160	0.400	0.480
	铜芯塑料绝缘电线 BV-1.0mm^2	m	0.43	1.527	3.563	15.270
	其他材料费占材料费	%	—	3.000	3.000	3.000
机械	对讲机（一对）	台班	4.19	0.500	1.000	1.000
	火灾探测器试验器	台班	3.94	—	1.500	1.000
	手持式万用表	台班	4.07	0.500	1.000	1.000

三、防火控制装置调试

工作内容：技术和器具准备、检查接线、绝缘检查、程序装载或校对检查、功能测试、系统试验、记录整理等。

计量单位：点

定　额　编　号				A9-5-14	A9-5-15
项　目　名　称				防火卷帘门	电动防火门(窗)
基　　　　　价（元）				52.25	36.88
其中	人　工　费（元）			46.34	32.48
	材　料　费（元）			0.60	0.74
	机　械　费（元）			5.31	3.66
名　　称		单位	单价(元)	消　耗　量	
人工	综合工日	工日	140.00	0.331	0.232
材料	灯泡	个	1.43	0.309	0.400
	铜芯塑料绝缘电线 BV-1.5mm^2	m	0.60	0.236	0.236
	其他材料费占材料费	%	—	3.000	3.000
机械	对讲机(一对)	台班	4.19	0.500	0.300
	火灾探测器试验器	台班	3.94	0.300	0.300
	手持式万用表	台班	4.07	0.500	0.300

工作内容：技术和器具准备、检查接线、绝缘检查、程序装载或校对检查、功能测试、系统试验、记录整理等。

计量单位：点

定　额　编　号				A9-5-16	A9-5-17
项　目　名　称				电动防火阀、电动排烟阀、电动正压送风阀	切断非消防电源调试
基　　　　　价（元）				112.67	152.73
其中	人　工　费（元）			60.20	101.78
	材　料　费（元）			47.16	46.45
	机　械　费（元）			5.31	4.50
名　　　　称		单位	单价(元)	消　　耗　　量	
人工	综合工日	工日	140.00	0.430	0.727
材料	灯泡	个	1.43	0.480	—
	铜芯塑料绝缘电线 BV-1.5mm²	m	0.60	0.407	0.407
	蓄电池 24AH	块	1121.37	0.040	0.040
	其他材料费占材料费	%	—	3.000	3.000
机械	对讲机(一对)	台班	4.19	0.500	0.500
	火灾探测器试验器	台班	3.94	0.300	0.300
	手持式万用表	台班	4.07	0.500	0.300

工作内容：技术和器具准备、检查接线、绝缘检查、程序装载或校对检查、功能测试、系统试验、记录整理等。

计量单位：点

定　额　编　号				A9-5-18	A9-5-19
项　目　名　称				消防风机调试	消防水泵联动调试
基　　　价（元）				115.77	126.17
其中	人　工　费（元）			111.02	120.40
	材　料　费（元）			0.25	0.38
	机　械　费（元）			4.50	5.39
名　　称		单位	单价（元）	消　耗　量	
人工	综合工日	工日	140.00	0.793	0.860
材料	铜芯塑料绝缘电线 BV-1.5mm²	m	0.60	0.407	0.611
	其他材料费占材料费	%	—	3.000	3.000
机械	对讲机（一对）	台班	4.19	0.500	0.800
	火灾探测器试验器	台班	3.94	0.300	—
	手持式万用表	台班	4.07	0.300	0.500

工作内容：技术和器具准备、检查接线、绝缘检查、程序装载或校对检查、功能测试、系统试验、记录整理等。

计量单位：部

定　额　编　号				A9-5-20	A9-5-21
项　目　名　称				消防电梯调试	一般客用电梯调试
基　　　　价（元）				411.76	384.18
其中	人　工　费（元）			399.56	380.52
	材　料　费（元）			—	—
	机　械　费（元）			12.20	3.66
名　　　称		单位	单价（元）	消　耗　　量	
人工	综合工日	工日	140.00	2.854	2.718
材料	其他材料费占材料费	%	—	3.000	3.000
机械	对讲机(一对)	台班	4.19	1.000	0.300
	火灾探测器试验器	台班	3.94	1.000	0.300
	手持式万用表	台班	4.07	1.000	0.300

四、气体灭火系统装置调试

工作内容：工具准备、模拟喷漆试验、储存容器切换器操作试验、气体试喷灯。　　　　　计量单位：点

定　额　编　号			A9-5-22	A9-5-23	A9-5-24
项　目　名　称			试验容器规格(L)		
			40	70	90
基　　　价（元）			463.82	633.34	800.92
其中	人　工　费（元）		314.86	472.22	629.58
	材　料　费（元）		136.76	148.92	159.14
	机　械　费（元）		12.20	12.20	12.20
名　　称	单位	单价（元）	消　　耗　　量		
人工 综合工日	工日	140.00	2.249	3.373	4.497
材料 打印纸	箱	130.00	0.600	0.600	0.600
大膜片	片	1.28	1.000	1.000	1.000
电磁铁	块	5.98	1.000	1.000	1.000
电气绝缘胶带 18mm×10m×0.13mm	卷	8.55	2.000	2.000	2.000
酒精	kg	6.40	0.900	0.900	0.900
聚四氟乙烯垫	个	1.71	1.000	1.000	1.000
试验介质(氮气) 40L	瓶	19.70	1.000	—	—
试验介质(氮气) 70L	瓶	31.50	—	1.000	—
试验介质(氮气) 90L	瓶	41.42	—	—	1.000
小膜片	片	1.11	1.000	1.000	1.000
锥形堵块	只	2.14	1.000	1.000	1.000
其他材料费占材料费	%	—	3.000	3.000	3.000
机械 对讲机(一对)	台班	4.19	1.000	1.000	1.000
火灾探测器试验器	台班	3.94	1.000	1.000	1.000
手持式万用表	台班	4.07	1.000	1.000	1.000

工作内容：工具准备、模拟喷漆试验、储存容器切换器操作试验、气体试喷灯。 计量单位：点

定　额　编　号				A9-5-25	A9-5-26
项　目　名　称				试验容器规格(L)	
				155	270
基　　　价（元）				1077.56	1488.10
其中	人　工　费（元）			879.62	1259.16
	材　料　费（元）			185.74	216.74
	机　械　费（元）			12.20	12.20
名　　称		单位	单价（元）	消　耗　量	
人工	综合工日	工日	140.00	6.283	8.994
材料	打印纸	箱	130.00	0.600	0.600
	大膜片	片	1.28	1.000	1.000
	电磁铁	块	5.98	1.000	1.000
	电气绝缘胶带 18mm×10m×0.13mm	卷	8.55	2.000	2.000
	酒精	kg	6.40	0.900	0.900
	聚四氟乙烯垫	个	1.71	1.000	1.000
	试验介质(氮气) 155L	瓶	67.25	1.000	—
	试验介质(氮气) 270L	瓶	97.35	—	1.000
	小膜片	片	1.11	1.000	1.000
	锥形堵块	只	2.14	1.000	1.000
	其他材料费占材料费	%	—	3.000	3.000
机械	对讲机(一对)	台班	4.19	1.000	1.000
	火灾探测器试验器	台班	3.94	1.000	1.000
	手持式万用表	台班	4.07	1.000	1.000

附 录

一、成套产品包括内容

序号	项目名称	包括内容
1	湿式报警装置	湿式阀、供水压力表、装置压力表、试验阀、泄放试验阀、试验管流量计、过滤器、延时器、水力警铃、报警截止阀、漏斗、压力开关
2	干湿两用报警装置	两用阀、装置截止阀、加速器、加速器压力表、供水压力表、试验阀、泄放阀、泄放试验阀（湿式）、泄放试验阀（干式）、挠性接头、试验管流量计、排气阀、截止阀、漏斗、过滤器、延时器、水力警铃、压力开关
3	电动雨淋报警装置	雨淋阀、压力表、泄放试验阀、流量表、截止阀、注水阀、止回阀、电磁阀、排水阀、应急手动球阀、报警试验阀、漏斗、压力开关、过滤器、水力警铃
4	预作用报警装置	干式报警阀、压力表（2块）、流量表、截止阀、排放阀、注水阀、止回阀、泄放阀、报警试验阀、液压切断阀、气压开关（2个）、试压电磁阀、应急手动试压器、漏斗、过滤器、水力警铃
5	室内消火栓	消火栓箱、消火栓、水枪、水龙带、水龙带接扣、挂架
6	室外消火栓	地下式消火栓、法兰接管、弯管底座或消火栓三通
7	室内消火栓（带自动卷盘）	消火栓箱、消火栓、水枪、水龙带、水龙带接扣、挂架、消防软管卷盘
8	消防水泵接合器	消防接口本体、止回阀、安全阀、闸（蝶）阀、弯管底座、标牌
9	水炮及模拟末端装置	水炮和模拟末端装置的本体

二、水喷淋镀锌钢管接头管件（丝接）含量表

单位：m

材 料 名 称	公称直径（mm）以内						
	25	32	40	50	70	80	100
	含量（个）						
四通		0.120	0.120	0.120	0.120	0.160	0.200
三通	0.080	0.250	0.303	0.250	0.200	0.200	0.050
弯头	0.333	0.010	0.010	0.010	0.008	0.006	0.020
管箍	0.167	0.125	0.125	0.125	0.125	0.125	0.100
异径管箍		0.200	0.303	0.303	0.303	0.250	0.150
小计	0.590	0.687	0.861	0.808	0.756	0.741	0.520

三、消火栓镀锌钢管接头管件（丝接）含量表

单位：m

材 料 名 称	工程直径（mm 以内）			
	50	70	80	100
	含量（个）			
三通	0.185	0.164	0.090	0.050
弯头	0.247	0.187	0.123	0.110
管箍	0.125	0.125	0.125	0.125
异径管箍	0.100	0.120	0.086	0.102
小计	0.657	0.596	0.424	0.387

四、主要材料损耗表

序号	材料名称	损耗率（%）
1	室内喷淋钢管、消火栓钢管、气体钢管	3.6
2	紫铜管	3.0
3	沟槽管件	0.5
4	喷头、丝扣阀门、试水接头	1.0
5	绝缘导线、油类、线型探测器	1.8
6	铜端子、接线卡	1.5
7	报警系统管件（包括管箍、护口、锁紧螺母、管卡子等）	3.0
8	空气采样管	5.0
9	型钢	5
10	带帽螺栓、膨胀螺栓	3
11	木螺钉、塑料胀塞	4
12	地脚螺栓	5
13	锁紧螺母	6
14	氧气	10
15	乙炔气	10
16	铅油	2.5
17	清油	2
18	机油	3